Une brève Histoire de l'Espace

Du même auteur

La Seconde Chance d'Icare. Pour une éthique de l'Espace, Cerf, 2001.

Chevaucheur des Nuées (en collaboration avec Jean-Pierre Haigneré), Solar, 2001.

La Lune dans le bénitier. Conquête spatiale et théologie, Cerf, 2004.

La marche à l'étoile. Pourquoi sommes-nous fascinés par l'espace ?, Albin Michel, 2006.

La pollution spatiale sous surveillance (en collaboration avec Fernand Alby et André Debus), Ellipses, 2007.

Qu'allons-nous faire dans ces étoiles ? De l'éthique dans la conquête spatiale, Bayard, 2009.

La Terre d'un clic. Du bon usage des satellites, Paris, Odile Jacob, 2010.

Une fenêtre sur le ciel. Dialogues d'un astrophysicien et d'un théologien (avec Marc Lachièze-Rey), Bayard, 2010.

Une perle bleue. L'espace, la Terre et le changement climatique, Cerf, 2015.

Demain l'espace, Le Cherche Midi, 2016.

Impossible horizon. The essence of space exploration, ATF Press, 2017.

Oublier la Terre ? La conquête spatiale 2.0, Paris, Le Pommier, 2018.

La Lune m'a dit. Cinquante ans après le premier homme sur la Lune, Cerf, 2019.

81, rue Réaumur – 75002 Paris
www.leseditionsdu81.fr

Jacques Arnould

Une brève Histoire de l'Espace

Édition revue et augmentée
à l'occasion du cinquantenaire du premier
pas de l'homme sur la Lune

éditions du
81

I … La nuit des temps

« Chaque îlot signalé par l'homme de vigie
Est un Eldorado promis par le Destin ;
L'Imagination qui dresse son orgie
Ne trouve qu'un récif aux clartés du matin. »
(Baudelaire, *Le voyage*)

« Le mystère du commencement de toutes choses est insoluble pour nous ; c'est pourquoi je dois me contenter de rester agnostique. » Il m'importe peu que l'auteur de ces lignes, le célèbre Charles Darwin, ne soit pas connu pour avoir entretenu de liens particuliers avec la matière de cette brève histoire, j'entends l'espace. En effet, le constat qu'il pose, au fil d'un travail autobiographique, véhicule une sagesse qu'il est souhaitable de faire nôtre ici, afin de ne pas réduire l'espace à quelques dates et événements, plus ou moins connus de tous – Spoutnik en 1957, Gagarine en 1961, Armstrong en 1969 –, mais d'en admettre, à défaut de bien les connaître, les antiques et profondes racines. L'histoire de l'espace commence avec celle de l'humanité. Impossible, inutile, reconnaissons-le dès lors, de penser en entamer le récit par un « Il était une fois » : un tel commencement, rallions Darwin, est insoluble pour nous.

Car l'humain, dès son apparition sur cette planète, n'a pas manqué de lever les yeux au ciel. Pourquoi en aurait-il été différemment ? Pourquoi creuser un infranchissable fossé entre le besoin de lumière de tant d'organismes vivants qui les tourne inlassablement vers le ciel ensoleillé, le jeu des oiseaux dans l'azur, le long hurlement des loups au temps de la pleine lune, les premiers signes, peints sur la paroi d'une caverne ou dressés au milieu d'un campement et, par ailleurs, la fascination exercée par le cosmos sur l'esprit de nos ancêtres ? Je me refuse à dire que la conquête de l'espace serait inscrite dans nos gènes : je connais un peu les dérives malheureuses auxquelles le recours à l'aura de la science peut malheureusement conduire. Laissons donc notre patrimoine génétique loin de cette histoire ; contentons-nous – mais ce n'est pas une mince affaire – de nouer les liens, de lancer les ponts, de noter les résonances qui font de l'aventure spatiale l'une des plus anciennes de notre humanité.

Car, ne l'oublions pas, aucun des chapitres qui suivront n'aurait pu être écrit si, depuis la nuit des temps ou plutôt depuis le temps de ses premières nuits, l'homme n'avait rêvé du ciel. Trop anciens, trop nombreux sont les témoignages qui, à côté des usages raisonnés de la voûte céleste – et l'astrologie en fait partie –, ont conservé les traces de l'impossible rêve de rejoindre les étoiles, de rencontrer leurs habitants. Pourquoi dire ce rêve impossible ? Parce que le voyage, l'ascension l'étaient encore matériellement ? Sans nul doute ; mais, avant tout, parce que, trop souvent, la vision que nos ancêtres avaient élaborée du monde les retenait comme cloués au plancher des vaches, comme enfermés dans l'enclos terrestre. À foison se comptent les mythes qui racontent et expliquent une telle condition ; en Occident, le plus célèbre d'entre eux est celui d'Icare.

Icare, déjà

J'aime à rappeler d'abord que ce récit est autant celui de Dédale que celui d'Icare, celui de l'ingénieur que celui de l'aéronaute et de l'astronaute : sans le premier, sans son génie, son labeur et sa ténacité, les seconds n'auraient jamais pu décoller du sol. Je veux ensuite rétablir deux vérités : la première sur la personne d'Icare, la seconde sur le motif de ce premier vol.

Nombreuses sont les représentations qui prêtent à Icare les traits d'un bel et athlétique, orgueilleux et écervelé jeune homme, comme si ce *look* convenait à qui veut conquérir le ciel… puis chute par excès d'orgueil. Le récit, du moins celui d'Ovide, l'auteur des *Métamorphoses*, ne dit rien de tel : Icare est un jeune garçon, accroché aux basques d'un père génial en mécanique mais malheureux en diplomatie – relisez l'histoire de la reine Pasiphaé, du Minotaure et du labyrinthe –, un jeune garçon grisé par le bonheur de voler. « À leur droite, raconte Ovide, étaient les îles de Lébinthos et de Calymné au miel abondant, lorsque l'enfant se prit à goûter la joie de ce vol audacieux, abandonna son guide, et cédant au désir d'approcher le ciel, monta plus haut.» Nous connaissons la suite: «Le voisinage du soleil dévorant amollit la cire odorante qui retenait les plumes. La cire ayant fondu, Icare n'agite plus que ses bras nus, et, manquant désormais de tout moyen de fendre l'espace, il n'a plus d'appui sur l'air; et sa bouche criait encore le nom de son père, quand l'engloutit l'eau céruléenne.» Dédale, en ingénieur brillant et en père attentif, avait pourtant mis en garde son fils contre les dangers de leur entreprise; mais un enfant peut-il entendre une invitation, même paternelle, à la prudence? La désobéissance est-elle nécessairement synonyme d'orgueil et la prudence le propre du jeune âge? Évidemment non. Sans doute n'ont-ils pas tort, ceux qui lisent dans le mythe d'Icare une mise en garde vis-à-vis de l'orgueil humain; mais peut-être convient-il d'y voir aussi un simple appel de bon sens à la prudence, à la mesure. Konstantin Tsiolkowsky, le père de l'astronautique soviétique ou plutôt le père soviétique de l'astronautique, bien longtemps après Ovide, n'imaginera pas les premiers pas de l'homme dans l'espace autrement qu'empreints de prudence: «L'Humanité ne demeurera pas éternellement sur la Terre. Au début, prudemment l'Homme traversera les limites de l'atmosphère, puis plus tard il partira à la conquête du système solaire.» Prudence, disent ensemble les ingénieux Dédale et Tsiolkowsky, qu'elle soit imposée à l'enfant ou évidente au conquérant.

Un refuge bien lointain

La deuxième vérité que j'aimerais rétablir, à propos du mythe d'Icare, conspire avec la première ; quel est en effet le motif de ce vol mythique ? La conquête du ciel ? La domination aérienne ? Que nenni. Si Dédale, après avoir construit un fac-similé de vache, en vient à observer et à imiter les ailes de l'oiseau, c'est pour s'enfuir de la prison dans laquelle le retient le roi Minos. La fuite : voilà le véritable motif de l'aventure aérienne de Dédale et d'Icare. Les deux ancêtres des frères Wright et de Clément Ader, de Youri Gagarine et de Neil Armstrong n'ont rien de fiers *conquistadores* ; ils sont seulement d'ingénieux et courageux fuyards. À ceux que surprendrait, voire choquerait cette lecture inhabituelle du plus aérien des mythes, je répondrais qu'elle n'est pas très éloignée du discours des partisans de la préférence spatiale, de la *space option*. Parmi les arguments qu'ils avancent pour plaider la cause astronautique, pour militer en faveur d'un accroissement des budgets consacrés par les nations aux activités spatiales, surtout celles consacrées à l'exploration et à la conquête, parmi ces arguments, se trouve celui d'offrir à l'humanité une porte de sortie en cas de dégradation trop avancée, trop massive de l'état de notre planète… Une telle *option* ne peut manquer de faire sourire les réalistes, d'inquiéter les défenseurs de l'égalité entre les humains – qui, en effet, pourrait profiter d'une telle échappée ? –, de blaser les amateurs de *science-fiction*.

« Que les lecteurs n'en croient absolument rien ! »

Car, en matière de rêve spatial et d'imagination cosmique, ces derniers sont les dépositaires d'un héritage riche et varié. Les mythes y font bonne figure, avec Icare à leur tête ; mais ils côtoient bien d'autres formes littéraires et artistiques, tant l'espace constitue un extraordinaire pourvoyeur d'imaginaire. Je délaisserai ici les témoignages et les leçons de celles et ceux qui ont emprunté les chemins de la spiritualité, gravi les échelles mystiques et, à l'aide de multiples pratiques, exploré le domaine du divin, pour n'évoquer que les récits de voyage imaginaire dans l'espace.

La première trace écrite serait, vers l'an 180 de notre ère, le texte de Lucien de Samosate, ironiquement intitulé l'*Histoire vraie*. Car Lucien prévient ses lecteurs : « Je vais donc raconter des faits que je n'ai pas vus, des aventures qui ne me sont pas arrivées et que je ne tiens de personne ; j'y ajoute des choses qui n'existent nullement et qui ne peuvent pas être ; il faut donc que les lecteurs n'en croient absolument rien. » Étonnante mise en garde, n'est-ce pas ? Lucien raconte alors l'enlèvement dans les airs d'un navire, au cours d'une forte tempête, son voyage à travers les airs durant sept jours et sept nuits, son arrivée sur une mystérieuse île cosmique, la rencontre d'étranges créatures, etc. Dans un autre ouvrage, l'*Icaroménippe*, Lucien raconte cette fois le voyage de Ménippe, un homme qui s'est muni d'ailes – d'où le titre de ce récit –

pour se rendre sur la Lune et au-delà. Depuis Lucien, nombreux sont les auteurs à avoir exploité cette veine littéraire. Dante Alighieri, au début du XIVe siècle, propose de visiter, sous la conduite de Béatrice, les sept sphères du cosmos ; Francis Godwin, en 1638, publie sa vision d'une nature lunaire fort enchanteresse et d'une humanité plus réussie que la nôtre, dans *The Man in the Moon*. À la même époque, Cyrano de Bergerac présente *Les États et Empires de la Lune* (1657) puis *Les États et Empires du Soleil* (1662). En 1765, Marie-Anne de Roumier publie les sept volumes des *Voyages de Milord Céton dans les sept planètes* : une véritable épopée astronomique. En 1835, Edgar Poe expédie *Hans Pfaal* dans la Lune, à l'aide d'une nacelle. Que le lecteur me pardonne de ne prétendre ici à aucune exhaustivité.

L'imaginaire et la science

Le XIXe siècle est marqué par la fin de l'exploration systématique du globe terrestre qui avait été menée par l'Occident depuis la fin du XVe siècle. Que reste-t-il alors à l'humanité pour assouvir sa curiosité, sa soif d'explorer ? L'espace, bien entendu ; dès lors, le voyage spatial n'est plus seulement imaginaire, il devient scientifique. La lunette astronomique, née avec le XVIIe siècle, est promue au rang de véhicule : grâce à elle et parfois avec une bonne dose d'imagination, les astronomes scrutent la Lune, les planètes et les étoiles. Ils sont capables de mettre au point une cartographie de la surface de Mars aussi précise que celle des cartes terrestres… du moins le prétendent-ils ; Angelo Secchi, Giovanni Schiaparelli et Percival Lowell y dessinent même d'extraordinaires réseaux de canaux. Et le XIXe siècle s'achève sous la domination de Camille Flammarion et de ses nombreuses publications, dans lesquelles l'auteur de *La Pluralité des mondes habités* affirme que « la Terre n'a aucune prééminence marquée dans le système solaire de manière à être le seul monde habité, et que, astronomiquement parlant, les autres mondes sont disposés aussi bien qu'elle au séjour de la vie. »

Le XXe siècle ne manque ni d'imagination ni d'auteurs : de Herbert G. Wells (*La Guerre des mondes* en 1898, *Les Premiers Hommes sur la Lune* en 1901) à Arthur C. Clarke (*2001, Odyssée de l'espace* en 1945), la veine littéraire de l'imaginaire spatial est largement exploitée. D'ailleurs, Wells est parfois considéré comme l'inventeur de la *science-fiction* moderne ; grâce à lui, des « merveilles scientifiques » comme le chronoscaphe, le transmuteur de matière ou encore l'hyperespace sont tombées dans le domaine public. De son côté, Clarke, nous l'ignorons parfois, était membre de la *British Interplanetary Society* et a publié, en 1939, un article intitulé « Nous pouvons atteindre la Lune en fusée - maintenant ! », avant de mettre au point le concept des satellites géostationnaires. L'imaginaire et l'imagination des auteurs de *science-fiction*, de *space opera* paraissent aussi illimités que l'est notre univers ; à la littérature s'ajoute désormais le cinéma, inauguré en 1902 en grande pompe par le génial Méliès avec son *Voyage dans la Lune* et servi par une technologie de plus en plus sophistiquée.

De l'imaginaire à l'action

Un responsable de la politique spatiale japonaise m'a un jour expliqué que l'intérêt de son pays pour les missions lunaires pouvait être expliqué par la place accordée par sa culture à l'histoire de la princesse Kaguya. Cette descendante du peuple de la Lune aurait jadis été trouvée dans un plant de bambou et appelée pour cette raison : *Naotake no Kaguya Hime*, « la radieuse princesse des bambous » ; elle épousa un grand seigneur, bien terrestre celui-là, mais fut ensuite, au grand dam de son mari, ramenée par son père sur sa Lune natale...

Cette possible influence de l'imaginaire et de la culture d'un pays sur son engagement et sa politique en matière spatiale est encore plus nette dans le cas des États-Unis, au point qu'il n'est pas exagéré de parler d'un *American space dream*. J'aime lui appliquer les mots déjà anciens de Félix Bodin, écrits en 1831 : « Si jamais quelqu'un réussit à faire le roman, l'épopée de l'avenir, il aura puisé à une vaste source de merveilleux et d'un merveilleux tout vraisemblable. En substituant toujours des idées aux personnages, en subordonnant l'action et les caractères à la thèse qu'il soutient, il aura trouvé un moyen de saisir, de remuer les imaginations, et de hâter les progrès de l'humanité. » L'histoire de la politique spatiale américaine au XXe siècle offre une parfaite illustration de l'idée de Bodin ; c'est du moins ce que démontre l'historien américain Howard McCurdy pour qui, « depuis ses débuts, le programme spatial américain a été motivé par un rêve particulièrement romantique. » Sa thèse est d'autant plus intéressante que la culture nord-américaine ne possède pas l'arrière-plan littéraire et artistique de l'Europe ; Ovide et Lucien de Samosate, Cyrano de Bergerac et Bernard de Fontenelle, trop éloignés dans le temps, y sont inconnus ou, pour le moins, ne peuvent prétendre à une véritable influence. Même s'ils honorent la mémoire de Meriwether Lewis et de William Clark, les chefs de la première expédition américaine à rejoindre le Pacifique, au début du XIXe siècle, les Américains de la première moitié du XXe siècle, lorsqu'il s'agit du ciel, pensent d'abord à l'observer, plutôt qu'à y voyager. Certes, ils ne méconnaissent pas Jules Verne et son imaginaire technique ; mais, avance McCurdy, ils paraissent s'en méfier. L'Amérique du Nord, si elle n'est pas systématiquement technophobe, semble avoir toutefois quelques difficultés à appréhender le domaine de la technologie. Au point que le vol dans l'espace sera souvent représenté, dans les œuvres de fiction, comme plus aisé qu'il ne l'est dans la réalité. Et le caractère peu communicatif de Robert Goddard, le père américain de l'astronautique, n'arrange rien à l'affaire. Malgré tout, après la dépression économique des années 1930 et la Deuxième Guerre mondiale, les choses finissent par changer. Il faut dire que le succès des Spoutnik soviétiques ne laisse guère le choix au gouvernement américain. À ce camouflet porté à l'encontre de leur – prétendue ? supposée ? réelle ? – suprématie technologique et militaire, les États-Unis doivent répondre sans délai. Le début des années 1950 a heureusement préparé le public à la mise en route de programmes ambitieux, l'a intéressé aux voyages spatiaux. Il ne faut pas minimiser l'influence sur l'opinion des écrits de William Ley, des illustrations de Chesley Bonestell, des conférences de Wernher von Braun, des attractions de Walt Disney. Sans oublier la vague de fascination pour les soucoupes volantes et la rencontre avec les petits hommes verts, surtout après le témoignage de Kenneth Arnold, en juin 1947 : les voyages interplanétaires et les extraterrestres forment les deux piliers du rêve spatial américain. Si les militaires écartent rapidement de leurs intérêts le champ des vols habités, la NASA en fait l'un de ses principaux objectifs, encouragée par le discours du Président John F. Kennedy : l'imaginaire spatial américain revêt ainsi, quasiment dès sa naissance, la tenue argentée des sept astronautes du programme Mercury, lorsqu'ils sont présentés à la presse le 9 avril 1959…

L'odyssée de l'espace n'est rien moins que celle de l'humanité, celle d'êtres qui, une fois dressés sur leurs deux jambes, n'ont eu de cesse de lever leurs yeux vers le ciel. Pour lire le vol des hirondelles, les nuances de l'azur, les clins d'œil des étoiles et pour imaginer des mondes et des royaumes. Mais aussi pour tracer des plans et des cartes, pour construire des machines de plus en plus perfectionnées, pour traverser des frontières, pour explorer des mondes inconnus. Il nous faut maintenant franchir la frontière qui sépare le rêve de la réalité.

II … La sphère brisée

Il faut parfois multiplier les appels, les sonneries, voire les empoignades, pour éveiller l'homme enfoncé dans les labyrinthes du sommeil, pris dans les filets de ses rêves. De même les humains n'ont-ils pas accepté d'un coup l'idée qu'ils pourraient un jour rejoindre effectivement l'espace. Trop émerveillés par la beauté des voûtes cloutées d'étoiles, trop fascinés par la régularité du cours des astres, trop effrayés par les éclipses solaires, ils ont longtemps cru qu'une frontière infranchissable les séparait du ciel : eux, d'une part, englués par l'écoulement visqueux et fangeux d'une existence terrestre vouée au changement et à la mort ; les corps et les êtres célestes, d'autre part, promis à une éternelle et immuable perfection.

Tombée du ciel

Vers 467 ou 468 avant notre ère, une météorite brune de la taille d'un chariot traverse le ciel de Grèce et s'écrase près d'Aegos Potamos, là où la rivière de la Chèvre se jette dans l'Hellespont, autrement dit le détroit des Dardanelles. Avant que ce lieu ne devienne célèbre pour les batailles que s'y livreront

Sparte et Athènes – en 405 avant J.-C. –, puis les Alliés européens et l'Empire Ottoman – durant l'année 1915 –, il hébergea durant plusieurs siècles la preuve qu'Anaxagore a raison : les corps célestes sont des pierres et non des dieux. Au premier siècle de notre ère, Pline l'Ancien avoue, dans son *Histoire naturelle*, que « notre compréhension du monde s'effondre et qu'il règne une confusion générale, si l'on admet que le Soleil même soit une pierre ou en ait jamais renfermé une. » L'effondrement surviendra plus tard.

Le 7 novembre 1492, à Ensisheim, une pierre noire pesant environ cent cinquante kilogrammes tombe du ciel et s'écrase dans un champ, près des murs de cette ville d'Alsace. Un jeune garçon, seul témoin de la chute, conduit les curieux jusqu'au point d'impact : un cratère de deux mètres de profondeur ; la foule s'empresse de prélever des fragments de cette « pierre tombée du ciel » en guise de porte-bonheur. Le pillage est heureusement arrêté par le bailli qui ordonne que la pierre soit portée sur le seuil de l'église. Dix-neuf jours plus tard, le jeune roi Maximilien, héritier de la famille des Habsbourg et futur empereur d'Autriche, entre dans la ville d'Ensisheim. Il fait apporter la pierre et y voit un signe miraculeux et de bon augure pour le combat qu'il doit mener contre les Français. Il ordonne que la pierre soit conservée dans le chœur de l'église où elle reste pendant trois siècles... S'il n'était pas mort près de trente ans auparavant, Nicolas de Cuse, l'auteur de la *Docte Ignorance*, aurait peut-être vu dans cet événement un soutien à son idée selon laquelle la terre est faite de la même matière que le soleil et les autres planètes et que, par voie de conséquence, elle n'occupe pas dans le cosmos, comme le croyaient les Anciens, une place basse et méprisable.

« Je le ferai pour la Lune et vous Galilée, pour Jupiter »

Début avril 1610. L'astronome allemand Johannes Kepler reçoit un exemplaire du *Messager céleste*, publié un mois auparavant par Galilée. Son confrère italien lui demande son avis sur les conclusions auxquelles le conduisent les observations qu'il mène depuis le mois de décembre 1609. Grâce à ses lunettes et ses observations astronomiques, en effet, il porte un coup fatal à l'antique opposition entre le monde immuable des cieux et le monde terrestre du changement : il brise les sphères de cristal au centre desquelles était emprisonnée la Terre et sur lesquelles se déplaçaient astres et planètes ; il défend l'unification et l'uniformisation de l'univers, de son contenu et de ses lois. Kepler décide de lui apporter tout son soutien et rédige en onze jours sa *Conversation avec le messager céleste*. « On ne manquera certainement pas de pionniers lorsque nous aurons appris l'art de voler, y écrit-il. Qui aurait cru que la navigation dans le vaste océan est moins dangereuse et plus calme que dans les golfes étroits, effrayants, de l'Adriatique, de la Baltique ou des détroits de Bretagne ? Créons des vaisseaux et des voiles adaptés à l'éther céleste, et il y aura des gens à foison pour braver les espaces vides. En attendant, nous préparerons pour les hardis voyageurs du ciel des cartes des corps célestes, je le ferai pour la Lune et vous Galilée, pour Jupiter.» Dans le même temps, Kepler reconnaît qu'« il y a loin d'une conception théorique à sa réalisation pratique, de la mention des antipodes dans Ptolémée à la découverte du Nouveau Monde par Colomb, et plus encore des instruments à deux lentilles utilisés ici à l'instrument avec lequel, ô Galilée, vous avez pénétré les cieux.» Kepler ne s'interroge pas sur la manière dont il conviendra de construire ces vaisseaux du ciel ; il laisse les ingénieurs imaginer l'art de voler pour se consacrer à la seule pensée que l'humanité puisse un jour s'échapper de sa prison terrestre, de son petit cachot, comme l'écrivait Pascal. Rien ne paraît trop haut, rien ne paraît trop loin, désormais, pour que l'humain ne puisse le rejoindre.

Sans une révolution astronomique de cette ampleur, l'astronautique ne serait restée qu'un jeu de l'esprit, un divertissement d'ingénieur ; mais elle aussi prendra les allures d'un bouleversement, fait de tentatives nombreuses et d'échecs cinglants, avant d'aboutir aux victoires les plus brillantes, les plus connues.

« Nous irons jusqu'aux astres »

« Le 21 novembre 1783, à bord d'une montgolfière de papier alimentée par un feu de paille, Pilâtre de Rozier et le marquis d'Arlandes s'envolèrent de la Muette pour atterrir ici sur la Butte aux Cailles qui n'était à l'époque qu'une colline campagnarde, flanquée de moulins à vent. En moins d'une demi-heure ils avaient franchi neuf kilomètres.» Ainsi a été rédigée la plaque qui commémore le premier vol d'un être humain, à bord d'un engin non captif qui, ce jour-là, atteint l'altitude de mille mètres. Élevés au rang de chevalier, Joseph et Étienne Montgolfier s'inspirent de l'*Enéide* de Virgile et prennent pour devise : *Sic itur ad astra*, «Nous irons jusqu'aux astres.» À cette époque, en effet, il n'est guère possible de différencier l'air de l'espace, autrement dit l'atmosphère terrestre du vide cosmique. Et il est aisé d'imaginer qu'un jour des ballons emmèneront des humains jusque sur la Lune; d'ailleurs, un quart de siècle après le vol inaugural de Pilâtre de Rozier, le journal londonien *The Examiner* prête à Napoléon ces propos d'une nature toute guerrière : «... Alors je pourrai constituer une armée de ballons, dont Garnerin sera le général, et prendre possession de la Comète. Cela me permettra de conquérir le système solaire, ensuite j'irai avec mes armées dans les autres systèmes, enfin – je pense – je rencontrerai le Diable.» Le ton de la propagande et du sarcasme n'empêche pas le recours à une idée largement répandue : avec l'invention des ballons, c'est le ciel tout entier qui se trouve à portée de l'humanité.

Le feu du ciel

Mais la réalité s'avère différente : pour franchir le seuil de l'espace, celui –

théorique – des cent kilomètres d'altitude, et commencer à tourner autour de la Terre, il faut quitter le monde des plus légers que l'air, ignorer celui des plus lourds qui envahissent le ciel à compter de 1903 et de l'exploit des frères Wright ; il faut oublier le support de l'air et le brassement de l'hélice ; il faut recourir à des énergies plus violentes. Pour conquérir l'espace, il faut maîtriser le feu du ciel.

Les fusées, personne ne l'ignore, ont été inventées par les Chinois, dès le XIIIe siècle, peut-être même avant : elles servent alors d'armes incendiaires. C'est sur une boîte de feux d'artifice importée de Chine, dans les années 1930, que j'ai découvert que les troupes anglaises auraient utilisé des fusées à Waterloo, le 18 juin 1815. S'ils ne confirment pas cette illustration, les historiens connaissent en revanche très bien l'introduction des fusées à poudre dans l'arsenal des armées européennes à la fin du XVIIIe siècle. L'un de leurs promoteurs, Sir William Congreve, en décrit le fonctionnement de la manière suivante : « C'est en 1804 qu'il me vient pour la première fois à l'idée que, la force de projection des fusées se trouvant en elles-mêmes et agissant sans aucune réaction sur leur point de départ, on pourrait avec succès en faire usage, tant sur terre que sur mer, dans les différents cas où, à la mer surtout, le violent recul produit par l'explosion de la poudre limite considérablement, s'il ne rend tout à fait impossible, l'usage de l'artillerie ordinaire. » Dommage qu'il n'ait pas pensé à appliquer cette propriété des fusées au déplacement dans l'air... Lorsqu'en 1806 les Anglais ont recours à cette arme nouvelle pour attaquer la ville de Boulogne, intellectuels, philanthropes et gens de lettres français s'effrayent et exigent que le gouvernement français fasse au gouvernement britannique d'énergiques remontrances contre l'emploi de ces armes jugées barbares et déloyales.

« Il y a d'abord l'idée, l'imagination, puis le calcul, que l'exécution couronne »

Près de Moscou, au début des années 1860, un petit garçon passe son temps à suivre les évolutions de son cerf-volant, au-dessus des arbres. Un jour – il a huit ans –, sa mère lui offre un ballon de baudruche gonflé à l'hydrogène... Des années plus tard, l'enfant devenu adulte imagine les péripéties d'un voyage interplanétaire : « Tous les objets qui n'étaient pas fixés ont quitté leur place et restent suspendus en l'air, sans toucher à rien, et, même s'ils se frôlent, sans exercer de pression les uns sur les autres. Nous-mêmes, nous ne touchons pas le plancher et pouvons rester debout aussi bien sur le plancher que sur les parois ou le plafond, prendre une position inclinée ou perpendiculaire, nager au milieu de la fusée, sans rien heurter. Impossible de verser l'eau d'une carafe, elle y reste ; la balance de Roberval pend inutile, son fléau prenant indifféremment toutes sortes de positions, que les charges mises sur ses plateaux soient égales ou non. L'or ne peut y être vendu au poids : il n'en a point. L'huile expulsée à grand-peine d'une bouteille prend la forme d'une boule vibrante ; au bout de quelques instants, la vibration cesse et la boule – liquide ! – épouse un contour parfait… Nous la brisons et nous en obtenons dix. Nous sommes légers, légers comme sur un édredon. Le sang monte un peu à la tête, ce qui pour les personnes pléthoriques est assez nuisible… Il n'y a plus aucun bruit. Tout est calme. Il fait bon. Par les volets, nous voyons deux cieux. L'un est noir, cloué d'étoiles ; l'autre jaunâtre et couvert de taches ici sombres et là éclatantes : c'est la Terre que nous avons quittée… » En écrivant ces lignes, Konstantin Tsiolkovski ne fait pas seulement œuvre d'anticipation romanesque : depuis son adolescence et jusqu'à sa mort en 1935, il s'est consacré aux recherches en mécanique, en astrophysique et a posé les bases de la propulsion par réaction, du vol cosmique, de la technique des fusées, bref de l'astronautique. Il reconnaît : « Mon travail n'analyse pas, tant s'en faut, tous les aspects de ces problèmes. Je n'ai jamais prétendu avoir tout résolu. Il y a d'abord l'idée, l'imagination, puis le calcul, que l'exécution couronne. Je ne suis pas parvenu au stade de cette dernière. » Dès 1885, le jeune instituteur de Borovsk, dans la région de Kalouga, publie un ouvrage où il décrit un aérostat, un dirigeable entièrement métallique à volume variable ; dix ans plus tard, il dresse les plans d'un aéroplane monoplan, avant de construire une soufflerie aérodynamique et d'étudier les lois de la résistance dans un milieu élastique. Puis, à la suite de la lecture de Jules Verne, il se tourne vers l'espace : en 1903, il publie *L'exploration des espaces cosmiques au moyen d'engins à réaction.* Alors que ses prédécesseurs, les ingénieurs Zassiadko et Konstantinov, avaient développé l'usage d'un combustible solide – la poudre – à des fins militaires, Tsiolkovski imagine un autre moyen de propulsion qui offre aux fusées un rayon d'action compatible avec l'exploration de l'espace : le mélange liquide d'hydrogène et d'oxygène. Et il installe un pilote devant les deux réservoirs. Découvre-t-il, grâce à ses calculs, qu'une seule fusée ne peut atteindre une vitesse suffisante pour se soustraire à l'attraction terrestre ? Alors il conçoit l'ancêtre de la fusée à trois étages dont les moteurs exercent successivement leur poussée et il profite de la taille de l'engin pour prévoir d'embarquer divers instruments, des vivres et même des serres. Lorsqu'il est interrogé sur le futur des voyages interplanétaires, Tsiolkovski, visionnaire et savant, reconnaît : « Quarante ans j'y ai travaillé, tout en me disant qu'une randonnée sur Mars ne sera possible qu'au terme de quelques siècles. Mais les délais ont été abrégés. Je suis sûr que beaucoup d'entre vous seront du premier voyage loin au-delà de l'atmosphère. » Un quart de siècle sépare sa mort du premier vol d'un homme dans l'espace, un Russe lui aussi. Mais auparavant, il faut encore apprendre à faire voler les fusées imaginées par Tsiolkovski ; c'est un Américain qui réalise la première d'entre elles.

« ...et chercher des météores ; essayer aussi une fusée »

Ici devrait figurer la date de cet exploit technologique : le 16 mars 1926. Pourtant, son inventeur, Robert Goddard, lui préfère celle du 19 octobre 1899. Il est alors âgé de dix-sept ans et séjourne à Worcester, dans le Massachusetts, chez des amis de sa famille. Monté dans un cerisier qu'il a entrepris d'élaguer, il rêve. « C'était un calme après-midi, raconte-t-il, coloré de la beauté pure d'octobre en Nouvelle-Angleterre. En contemplant les champs vers l'Est, j'ai imaginé comme il serait merveilleux de fabriquer un dispositif capable d'atteindre Mars, ce que j'ai comparé à la petite échelle que j'avais à mes pieds. » Et de conclure : « J'étais un garçon différent quand je suis descendu de l'arbre ; pour moi, l'existence avait un but. » Quatorze ans plus tard, dans son journal, à cette date anniversaire, il rédige la liste de choses à faire, par ordre de priorités : « Finir si nécessaire la demande de brevet de la tuyère [...] ; chercher la théorie de Darwin sur le mouvement lunaire et chercher des météores ; essayer aussi une fusée. » L'essai du 16 mars 1926 est un succès : l'engin prouve l'efficacité de la combustion liquide en atteignant l'altitude de douze mètres en 2,5 secondes ; tombée à court de film par suite de la trop longue durée d'allumage, la caméra de Madame Goddard n'a pu immortaliser le jour où les sphères célestes, à défaut d'être brisées, ont tremblé pour la première fois.

La suite de l'histoire ? Celle d'ingénieurs qui apprennent à maîtriser les multiples composantes du vol spatial : la propulsion, la stabilisation, la direction, etc. Ils s'appellent Tikhomirov, Artmeyev, Glouchko et Korolev en Union soviétique, Oberth et von Braun en Allemagne, Esnault-Pelleterie en France. Ils n'ont aucun doute sur les usages que feront les militaires de leurs inventions ; mais tous vibrent du même élan qu'Oberth, lorsqu'il écrit en 1923, dans *La fusée dans l'espace interplanétaire* : « Je me suis senti plein d'une ardeur romantique. Les voyages interplanétaires ! Voilà une tâche valant qu'on lui consacre sa vie ! Ne pas seulement regarder la Lune et les planètes à travers un télescope, mais s'élever dans les cieux et explorer effectivement l'univers mystérieux ! Je savais ce qu'avait ressenti Christophe Colomb. »

III … Le premier d'entre nous

Au temps où les agences spatiales soviétique et américaine préparaient fébrilement le premier envoi d'un être humain dans l'espace, le biologiste Nicolas Gourovsky déclarait que le choix d'un pilote de chasse « n'impliquait pas du tout que seuls les pilotes pourraient entreprendre des vols spatiaux. Le temps viendrait où l'ingénieur, l'astronome, le biologiste, le journaliste y participeraient, eux aussi. » Trente ans plus tard, Gabriel Lafferranderie, l'un des juristes de l'agence spatiale européenne, constatait : « L'astronaute n'est plus seulement pilote, il est homme de science, astronome, médecin, ingénieur, journaliste, il sera jardinier, mineur, un jour commerçant. Il participe à la réalisation d'expériences industrielles. “Homme à tout faire”, il vit dans un espace restreint, observé, écouté en permanence par le sol qui lui enverra ses instructions de travail, qui le réveillera ou lui demandera de dormir, de pratiquer des exercices physiques, ou de se soumettre à des expériences médicales, d'accomplir dans l'espace des gestes à l'opposé de ceux qui lui sont naturels. » Homme à tout faire ? L'image a de quoi surprendre, voire choquer, dans un milieu baigné de l'esprit et de l'étoffe des héros ; et pourtant, à l'heure où le retour sur la Lune et l'arrivée sur Mars appartiennent encore à un futur indéterminé, à l'heure où les sept premiers touristes de l'espace attendent la relève pour accomplir des vols suborbitaux et, à en croire d'ambitieux promoteurs, pour habiter des hôtels en orbite autour de la Terre, à l'heure surtout où des entrepreneurs richissimes arrivent du monde d'Internet pour bousculer les habitudes des agences spatiales, nous pouvons nous demander qui seront les héritiers des premiers hommes de l'espace.

Une branche de lilas

Le premier d'entre eux ou plutôt le premier d'entre nous à franchir la frontière symbolique des cent kilomètres d'altitude et à pénétrer dans l'espace dit extra-atmosphérique s'appelle Youri Alexeïevitch Gagarine. Il est né le 9 mars 1934, à Gjatsk, un port fluvial situé dans la région de Smolensk, une cité dont l'écrivain Ilia Ehrenbourg décrit, en 1943, « les ruelles vivantes de boue grasse et les enfants qui rêvaient de voyages dans la stratosphère ». Un quart de siècle plus tard, le même Ehrenbourg participe aux escarmouches épistolaires qui font rage parmi les lecteurs de la *Pravda*, à propos de la personnalité souhaitée du premier cosmonaute. Le célèbre écrivain, éminent propagateur de la doctrine communiste mais auteur censuré par Staline du *Livre noir* qui rassemble témoignages et documents sur la Shoah, a en effet reçu la lettre d'une jeune étudiante qui lui raconte pourquoi elle a dû rompre avec son fiancé. Ce dernier affirme qu'à l'âge cosmique il n'y a plus de place pour les « vieilleries démodées » que sont l'art, la musique ou encore la poésie. « Croyez-vous vraiment, demande la jeune fille, que l'on doive envoyer l'art au diable et réduire l'amour à sa plus simple expression, comme le prétend Youri ? » Ehrenbourg décide de publier la lettre de sa correspondante – sous le pseudonyme de Nina – et de l'accompagner d'un long article où il prend sa défense. Les esprits – est-ce la marque de l'âme russe ? – s'enflamment, s'opposent, polémiquent. « Ce sont les sciences et la mécanique qui donnent son vrai visage à notre époque, s'emporte un ingénieur ; nos vies sont orientées, non par l'émotion, mais par la force créatrice de la raison. Nous sommes touchés par la poésie des idées, des théories des expériences et des constructions… Nous n'avons plus le temps de pousser des soupirs en disant : *Oh, Bach ! Oh, Blok !* Ces artistes ont été dépassés. Les histoires les plus envoûtantes naissent actuellement de la science et des arts appliqués, de l'intelligence froide, précise, audacieuse. » Et l'ingénieur de conclure : « Laissons l'art aux dilettantes », tandis qu'un de ses confrères prétend qu'« un bon physicien vaut mieux que vingt poètes ». Une jeune fille, qui appartient aux Jeunesses communistes, Elvita Popova, vient au secours de Nina et de Ehrenbourg : « Malgré le formidable progrès de la plus exacte des sciences, l'électronique, je garde la certitude qu'au sein du Cosmos l'homme continuera de lutter, d'aimer, de souffrir. Une branche de lilas sera toujours nécessaire à l'être humain, même dans l'espace extraterrestre. » Vieille question que celle du lien entre la Science et l'Art – surtout lorsqu'ils portent une majuscule ! – dont il convient sans doute d'écarter les réponses les plus extrémistes pour préférer celles qui, à l'instar de la suivante, associent la technique et la poésie : « Dans le Cosmos, l'homme souhaitera sa branche de lilas, et les astronautes de l'avenir, hommes et femmes de haute formation scientifique, au cours de leurs longs trajets vers Mars, la Lune, Vénus ou les étoiles, emporteront certainement dans la poche de leur scaphandre un petit recueil de poésies. [...] Soulignons cependant que, dans la nuit et le froid du Cosmos, la Science devra protéger le lilas... » Quelques mois plus tard, le 12 avril 1961, alors que son vaisseau Vostok l'emporte à plusieurs centaines de kilomètres au-dessus du plancher des vaches, Gagarine s'exclame : « Comme la Terre est belle ! » Ehrenbourg peut donc être rassuré : le premier d'entre nous emportait bel et bien une branche de lilas dans l'espace. Si ce n'était pas le cas, comment d'ailleurs expliquer son célèbre sourire ?

Envoyés de l'humanité

À la suite du premier cosmonaute, ils sont des centaines à prendre la route de l'espace, à incarner, le temps d'une mission, le rêve de toute une nation ; car, force est de constater que cosmonautes, astronautes ou taïkonautes – le nom que l'usage leur attribue dépend de la « nationalité » de leur vaisseau : russe, américain ou chinois – ne volent jamais sans fièrement afficher leur drapeau. Pourtant, les États ont rapidement tenu à donner à ces hommes et à ces femmes un statut particulier, bien plus, un statut unique dans l'histoire de l'espèce humaine : celui d'envoyé de l'humanité. C'est le cinquième article du traité de l'espace, proposé à la signature des États en janvier 1967 – son nom complet est le suivant : *Traité sur les principes régissant les activités des États en matière d'exploration et d'utilisation de l'espace extra-atmosphérique, y compris la Lune et les autres corps célestes* –, qui introduit ce concept : « Les États parties au Traité considéreront les astronautes comme des envoyés de l'humanité dans l'espace extra-atmosphérique et leur prêteront toute l'assistance possible en cas d'accident, de détresse ou d'atterrissage forcé sur le territoire d'un autre État partie au Traité ou d'amerrissage en haute mer... »

Envoyer. L'étymologie est loin d'être anodine ; l'expression latine introduit *de facto* les images du chemin et de la marche, autrement dit de l'espace et du temps, du commencement et de l'arrêt, du cheminement et du but, sans doute aussi de l'aller et du retour. Rien d'anodin, disais-je, parce qu'il ne saurait y avoir d'envoi sans tous ces aspects et tant d'autres qui peut-être appartiennent sinon au propre, du moins à l'identité de l'espèce humaine. L'abeille qui part à la recherche d'une fleur est-elle envoyée par sa ruche ? L'oiseau qui chasse des insectes est-il envoyé par sa progéniture à nourrir ? En ont-ils l'un et l'autre conscience ? Qu'importe au fond la réponse ; de l'homme et de la femme qui partent pour l'espace, les Nations unies ont tenu à faire des envoyés, mieux encore : des envoyés de l'humanité. Pour la première fois dans l'histoire de notre espèce, une personne physique reçoit la mission de représenter l'humanité tout entière. C'est là une manière de mettre en œuvre ce que le même traité affirme dans son premier article : « L'exploration et l'utilisation de l'espace extra-atmosphérique, y compris la Lune et les autres corps célestes, doivent se faire pour le bien et dans l'intérêt de tous les pays, quel que soit le stade de leur développement économique ou scientifique ; elles sont l'apanage de l'humanité tout entière. »

Que devons-nous entendre par apanage ? En France, au temps des rois, l'apanage désignait la portion du domaine royal qui était accordée aux cadets de la famille royale pour compenser leur exclusion de la couronne. L'usage qu'en fait le droit spatial mérite d'être remarqué : il confie à l'humanité non pas d'abord un territoire mais une mission, celle d'exploiter et d'utiliser l'espace extra-atmosphérique, dans son propre intérêt et dans celui des générations futures. Et les astronautes, déclarés envoyés de l'humanité, sont les premiers responsables d'une telle mission. Plus de quarante ans après l'élaboration et la signature de ces textes juridiques, les astronautes et ceux qui sont en charge des activités spatiales sont-ils parvenus à les mettre en œuvre ? Les astronautes sont-ils aujourd'hui encore perçus comme envoyés par l'humanité ?

Plus grande, la Terre !

Ne nous appesantissons pas sur la question du drapeau : pouvons-nous imaginer Youri Gagarine ou Neil Armstrong sans les étoiles respectivement rouge et blanches de leurs pays ? Comment exiger de l'espace, aux enjeux stratégiques et économiques si importants, qu'il oublie les nationalismes alors que les Jeux olympiques eux-mêmes sont l'occasion d'affrontements, certes sportifs, entre les nations de la Terre, drapeaux et hymnes nationaux en tête ? Plutôt que de se lamenter devant la persistance des nationalismes et des particularismes même dans l'espace, mieux vaut constater que les missions de ces astronautes et leurs témoignages ont véritablement contribué à une prise de conscience renouvelée de l'humanité par elle-même, de sa place au sein de l'univers. Hannah Arendt a raison lorsqu'elle écrit dans la *Condition de l'homme moderne* : « Rien, pas même la fission de l'atome ne saurait éclipser l'événement qu'a constitué le tir du premier *Spoutnik*. » Mais elle n'en donne pas l'interprétation la plus juste lorsqu'elle ajoute : « Il confirme la prophétie gravée sur la stèle du savant russe Konstantin Tsiolkovski : l'humanité ne sera pas toujours rivée à la Terre. » Plus d'un demi-siècle après Spoutnik et l'exploit de Gagarine, nous savons que les voyages interplanétaires resteront pour longtemps encore d'exceptionnelles aventures et l'humanité une espèce rivée à la Terre. Une Terre que Gagarine n'a pas été le seul à trouver belle ; d'autres après lui se sont émerveillés devant le même spectacle et effrayés de la fragilité de notre biosphère. Pour autant, même ceux qui rêvent de rejoindre la Lune ou Mars, ne considèrent pas la Terre comme un berceau qu'il nous faudra un jour quitter, mais plutôt une sorte de vaisseau dont l'humanité serait devenue de plus en plus responsable. Sans doute cette Terre a-t-elle porté et porte-t-elle encore l'humanité, comme une mère sa progéniture ; mais aujourd'hui il revient aux humains de la porter à son tour, de la soutenir. Grâce aux chevaucheurs des nuées, grâce à ses envoyés, jamais l'humanité ne s'est peut-être sentie aussi liée à la Terre.

Voilà une bonne raison pour prendre au sérieux le concept imaginé, au début des années 2000, par un groupe d'experts de l'Agence spatiale européenne, l'ESA, celui de « plus grande Terre » ; l'expression anglaise, *Greater Earth*, « sonnant » mieux, je l'emploierai ici, laissant au placard mes scrupules de francophone. *Greater Earth* désigne le territoire spatial qui entoure la Terre et où pourraient se dérouler la plupart des activités spatiales futures, sans demander une dépense énergétique trop importante. Il existe en effet autour de notre planète un volume à peu près sphérique dont le diamètre dépasse le million de kilomètres et dans lequel une plate-forme spatiale est soit naturellement captive de l'attraction terrestre, soit maintenue dans ce voisinage terrestre au prix de modestes manœuvres de propulsion. Les capsules et les navettes spatiales, les stations orbitales et les satellites qui évoluent au sein de cette *Greater Earth* ne se trouvent pas au fond d'un puits de potentiel gravitationnel dont ils ne peuvent se libérer qu'en recourant à d'énormes énergies – il faut se rappeler que le moteur Vulcain de la fusée Ariane 5 développe, pour s'arracher à la Terre, une puissance comparable à celle d'une centrale nucléaire. Une fois là-haut, il est possible de se déplacer à faible coût énergétique. De même, le temps de propagation des ondes radioélectriques ne dépasse pas 3 à 4 secondes : les échanges avec la Terre peuvent être de nature continuelle et coopérative, au contraire de ceux avec des planètes plus lointaines (près de quarante minutes pour un aller-retour par les ondes entre la Terre et Mars !). Enfin, en cas de présence humaine à bord, le temps nécessaire pour un retour sur Terre est de quelques jours, comparable à celui des missions lunaires, tout en étant plus économe en propulsion. Pour les experts réunis alors par l'ESA, le prochain pas logique de l'entreprise spatiale, de l'utilisation rationnelle de l'espace par notre civilisation pourrait se trouver dans l'aménagement de ce domaine de *Greater Earth*. Un pas logique, d'abord pour des raisons d'utilité, ensuite parce qu'il est raisonnable en matière de maîtrise des systèmes technologiques, enfin parce que l'être humain qui sera à terme utile dans ces systèmes, n'écrasera pas les missions avec ses contraintes propres : bon nombre de missions pourront se dérouler sous les modes de l'automatisme et de la commande à distance. « *Greater Earth*, écrit Jacques Breton, est ce domaine de l'espace attaché à la Terre et aux Terriens. C'est un domaine fragile et vulnérable. C'est aussi un domaine de mémoire, unique porteur des traces de l'histoire de ce petit bout d'univers où est apparue la vie. Il faut savoir anticiper et user d'un questionnement éthique pour que l'homme redevienne partie prenante à ces débats. Comme le fait remarquer Edgar Morin, l'idée de « "Terre-Patrie" constitue la seule réponse à la mondialisation et, à l'inverse de celle-ci, elle nous rend à l'humain. » *Greater Earth* pourrait donc être le lieu où vivront, travailleront, se distrairont l'homme de science et l'astronome, le médecin et l'ingénieur, le jardinier et le mineur, le journaliste et le commerçant, bref tous ceux dont Lafferranderie prévoyait l'arrivée dans l'espace. Plus nombreux, ces gens pourront-ils encore revendiquer le statut d'envoyés de l'humanité, dès lors qu'ils ne posséderont plus nécessairement cette étoffe, celle des héros, qui faisait la gloire des premiers cosmonautes et astronautes ? Au fond, qu'importent les réponses qui seront apportées dans l'avenir à cette question. Si l'application du concept d'envoyé de l'humanité aux astronautes souffre aujourd'hui d'un possible affaiblissement, rien ne dit qu'il doive totalement disparaître : que sera devenue l'entreprise spatiale dans un ou deux siècles ?

Quelque chose de l'espace continue à nous échapper, qui appartient à un monde qui n'est pas le nôtre, qui nous attire en même temps qu'il nous effraie. Y toucher, y pénétrer ne peut se faire sans précaution, sans préparation : l'humanité aura encore longtemps besoin d'envoyés pour aller de l'avant. Elle aura aussi besoin que ces hommes, ces femmes restent toujours les premiers d'entre nous, « un homme à nous » comme disent de Gagarine ses compatriotes.

IV … Le jour d'après

« En retenant mon souffle, je pouvais planer au-dessus du sol. Il ne se passait pas grand-chose, je ne volais ni ne tombais durant ces rêves, je planais tout simplement. Ce ne devait pas être un cauchemar, mais rester dans l'incertitude et l'indécision était un peu frustrant, car il n'y avait jamais de fin à ce rêve. »

Parmi les chevaucheurs des nuées, l'homme qui raconte ce rêve occupe une place aussi singulière que Youri Gagarine, puisqu'il s'appelle Neil Armstrong et qu'il fut le premier être humain à poser le pied sur la Lune, au cours de la mission Apollo 11 ; c'était le 20 juillet 1969. Ceux qui, parmi nous, approchent de la soixantaine ou l'ont dépassée, s'ils ont eu la chance de se trouver à cette date devant un écran de télévision – évidemment noir et blanc –, se souviennent des deux silhouettes blanches, celle de Neil Armstrong et celle de Buzz Aldrin, sautillant dans la poussière grise de la Lune, récoltant des pierres, saluant leur drapeau national. Leur exploit marquait la fin de la course à la Lune, dans laquelle Américains et Soviétiques s'étaient lancés moins de dix ans auparavant. Le jour d'après, Armstrong le prédit au moment de poser le pied dans la poussière lunaire : « C'est un petit pas pour un homme, un pas de géant pour l'humanité. » Il est convaincu que son exploit ouvre la porte à une nouvelle odyssée dans laquelle notre espèce s'engage à pas de géant. Quelques années plus tard, s'appuyant sur une telle vision et sur le discours officiel de la NASA, l'encyclopédie *Britannica* prévoit l'envoi d'hommes sur Mars dès 1982, la mise en orbite autour de la Terre d'une station spatiale habitée avec une navette réutilisable – qui permettrait de mener des expériences en biologie et en métallurgie et de diviser par 200 le coût d'emport et de récupération des matériaux d'expérience –, la mise en orbite autour de la Lune d'une autre station spatiale, elle aussi desservie par une navette pour permettre d'explorer plus facilement la surface lunaire, une navette à propulsion nucléaire reliant ces deux stations orbitales, enfin le lancement de satellites en orbite géostationnaire pour la télévision, la radio, la navigation, le trafic aérien, la météo et l'astronomie. Si un tel programme avait été réalisé, la « prophétie » du premier homme sur la Lune aurait été accomplie ; mais, nous le savons, tel n'a pas été le cas et, des promesses de *Britannica*, deux seulement ont effectivement été réalisées : la mise en orbite d'une station orbitale desservie par des navettes réutilisables – qui seront clouées au sol à partir de 2011 – et l'exploitation de l'orbite géostationnaire. Et, depuis la mission Apollo 17 en décembre 1972, plus aucun être humain n'est retourné sur la Lune.

De l'utilité

Il y aurait bien des choses à dire sur la fin prématurée du programme Apollo, le chant du cygne de la fusée Saturn avec la mission américano-soviétique Apollo-Soyouz en 1975, le démarrage du programme américain de navette réutilisable, l'abandon des programmes équivalents soviétique et européen, etc. Ce qui apparaît très clairement, c'est le maintien de la Lune et de Mars comme principaux objectifs, comme motivations essentielles des efforts spatiaux : les retards qui s'accumulent, les décennies qui passent ne seraient que le fait du manque de moyens financiers ou de volonté politique. Les partisans de la *space option*, de la préférence spatiale, en sont convaincus et quelques discours ou rapports officiels le confirment : le retour sur la Lune, le débarquement sur Mars sont bien pour demain. Or, le 2 février 2010, l'administration Obama et la NASA annoncent l'abandon du programme Constellation qui devait permettre aux États-Unis de retourner sur la Lune. Stupéfaction, terrible déception et sentiment de trahison parmi les *aficionados* de l'espace : comment Barack Obama, l'homme du *We can*, peut-il briser aussi brutalement ce qui apparaissait jusqu'alors comme l'incarnation même du rêve américain ? Comment peut-il rejoindre – ou paraître rejoindre – le parti des sceptiques, de ceux qui trouvent inutile d'envoyer des hommes et des femmes tourner inlassablement autour de la Terre, à seulement quelques centaines de kilomètres au-dessus de nos têtes ? Cinquante ans après son incroyable succès, la mission Apollo 11 se heurte une fois encore à la plus radicale des questions : a-t-elle servi à quelque chose ?

La tentation est grande, pour répondre à cette interrogation, de faire appel au concept de *spinoff*, autrement dit de retombées obtenues, d'avantages acquis grâce au programme Apollo. L'exercice n'est certes pas inutile ; il permet d'apprendre que, contrairement aux idées reçues, le jus d'orange Tang, le Teflon ou encore le Velcro n'ont pas été inventés par les ingénieurs de la NASA ni développés spécialement pour les vols spatiaux : General Food vendait du Tang dès 1957, le Teflon a été mis au point par DuPont de Nemours dès 1938 et le Velcro est une invention helvétique ! En revanche, il ne fait aucun doute que le programme Apollo a dynamisé de nombreux domaines scientifiques et technologiques, en particulier en métallurgie et en informatique, en contrôle de qualité et en gestion de programmes. Qui croire ? Que penser ? À la question : « À quoi le programme Apollo a-t-il servi ? » doit effectivement être donnée une réponse de type utilitaire, celle du *spinoff*, alimentée par des bénéfices chiffrés, consolidée par des brevets déposés ; mais n'attend-elle pas une autre réponse, celle-là plus sociologique, plus humaine ?

Une certaine idée de la terre

Cette réponse, l'astronome Fred Hoyle en a donné les prémices dès 1948 : « Quand une photographie de la Terre, prise de l'espace, sera disponible, une nouvelle idée, plus puissante qu'aucune autre dans l'histoire, s'en dégagera.» Et c'est bien ce qui s'est passé. En découvrant la Terre depuis l'espace, *de visu* ou par l'intermédiaire d'un appareil photographique, nombreux ont été les humains à s'exclamer après Gagarine: «Qu'elle est belle!», nombreux à reconnaître après Armstrong: «Après tout, la terre elle-même est un vaisseau spatial, c'est un curieux vaisseau puisqu'il transporte son équipage à l'extérieur et non à l'intérieur. [...] si vous devez un jour commander un tel vaisseau, il vous faudra être très prudent dans l'usage que vous ferez de vos réserves, de votre équipage, et dans la façon dont vous traiterez votre véhicule.»

En proposant cette image de la Terre, Neil Armstrong a peut-être en tête le livre de Rachel Carson, *Le printemps silencieux*, publié en 1962. La biologiste américaine y tire la sonnette d'alarme: l'environnement terrestre est menacé par l'usage massif du DDT et des pesticides qui, non seulement tuent les oiseaux – d'où le titre de son livre – mais menace à terme l'espèce humaine: nous ne sommes déjà plus dans le registre de la fiction – «si vous devez un jour...». Armstrong paraît l'ignorer, mais n'en apporte pas moins l'appui des programmes spatiaux, en particulier habités, à la prise de conscience écologique qui naît au cours des années 1960. L'économiste Alfred Sauvy exagère sans doute lorsqu'il écrit, en 1990: «C'est la marche sur la Lune qui est à l'origine du mouvement écologique contemporain » ; mais, à l'instar du jus d'orange Tang, ce mouvement a réellement profité, pour se faire connaître, des missions Apollo. Les images de la Terre prises depuis la Lune appartiennent au *top ten* des photographies les plus célèbres de l'histoire.

Ce résultat, prévu seulement par de rares esprits comme Fred Hoyle – Tintin n'était pas écologiste, même après avoir été jusque sur la Lune ! –, relayé ensuite par les conférences mondiales, les mouvements écologiques, les politiques et les philosophies que nous connaissons, mérite-t-il d'être qualifié de « pas de géant pour l'humanité » ? Beaucoup diraient au contraire qu'il montre, illustre, voire dénonce les conséquences désastreuses pour notre planète et ses habitants des pas de géant accomplis au cours de ces dernières décennies en matière d'exploitation des ressources naturelles et énergétiques, de productions industrielles, de consommation, de démographie, etc. Le jour d'après la conquête de la Lune par l'humanité risque fort, aux yeux de ces prospectivistes, d'être celui de sa disparition, de son propre fait, sans qu'il soit raisonnablement possible de trouver dans l'espace une issue de secours, une porte de sortie.

Faire ce constat, considérer qu'Armstrong a été trop optimiste lors de sa descente du module lunaire vis-à-vis du futur de l'humanité est une chose ; faut-il pour autant en conclure que les envoyés de l'humanité dans l'espace appartiennent désormais au passé ?

Élans et ruptures

Une fois encore, il serait insuffisant de prétendre répondre à cette question en se contentant de comparer les avantages et les inconvénients techniques et économiques des vols habités ; il faut nécessairement admettre et défendre la perspective éthique de cette question, intégrer et prendre au sérieux son caractère irrationnel, voire émotionnel.

Revenons pour cela à la nouvelle et plus puissante idée évoquée par Hoyle. Je ne crois pas qu'elle se limite à la contemplation de la fragile beauté de notre planète : l'homme qui éprouve les effets du survol de la Terre – l'*overview effect* des auteurs américains – ne peut manquer d'être pris par un sentiment de solitude et d'enfermement. Un sentiment qu'avait déjà décrit Pierre Teilhard de Chardin, dans les tranchées de la Première Guerre mondiale : « J'ai senti sur moi le poids d'un isolement terminal et définitif, la détresse de ceux qui ont fait le tour de leur prison sans lui trouver d'issue. L'homme a l'homme pour compagnon. L'Humanité est *seule*. [...] J'ai vu les *bords* de l'Humanité ; – j'ai aperçu le noir et le vide autour de la Terre. » C'est là une expérience toute nouvelle pour l'espèce humaine qui doit sa naissance et sa sortie hors du territoire africain, puis son incroyable expansion sur tous les continents de la planète à la combinaison, jamais figée, toujours renouvelée, toujours possible, de deux postures, de deux modes de vie : le nomadisme et la sédentarisation. Désormais et pour longtemps encore, nous ne pouvons plus compter sur un quelconque nomadisme : nous sommes condamnés à être sédentaires, à vivre dans le même village, à partager les produits d'une même Terre, à dépendre des mêmes ressources. Seuls entre nous, attachés, enchaînés, rivés à cette planète qui, sous l'œil des astronautes, a pris les allures d'un vaisseau plutôt que celles d'un berceau, parfois même celles d'une prison, comment ne rêverions-nous, ne conserverions-nous pas l'espoir de pouvoir nous arracher à cette Terre ? « Peut-on prendre le risque de nier cet attrait, se demande le philosophe Dominique Lecourt, sans courir celui de briser un élan qui, à certains égards, définit l'homme même ? » Sans aucune hésitation, ma réponse est : non. Qu'aurait été l'odyssée de l'humanité sans ses extraordinaires élans, sans ses ruptures aussi ? Nous ne pouvons interdire ceux qui appartiennent au champ de l'espace sans menacer, sans mettre en cause quelque chose d'essentiel dans la manière dont l'humanité se comprend elle-même. Aller dans l'espace, pouvoir y aller physiquement et non par l'intermédiaire de sondes, de satellites, de robots doit rester une option, même fragile, même lointaine, mais certainement pas sans rupture. Est-il d'ailleurs possible d'avancer à pas de géant sans accepter l'idée, la réalité de la rupture ?

Rupture : c'est probablement le maître-mot, la clé de compréhension de la décision américaine de ne pas répéter le programme Apollo. Il est d'abord question d'une rupture technologique ; n'oublions pas que les systèmes spatiaux actuels fonctionnent pour la plupart sur des principes, des modèles hérités des premiers âges de l'astronautique ; ils ont pour eux la robustesse de l'expérience éprouvée, mais contre eux des limites parfaitement connues. Ainsi, mettre au point des moteurs électriques, alimentés par un réacteur nucléaire, qui permettraient d'atteindre Mars en quelques semaines et non en plusieurs mois comme aujourd'hui – un des chantiers annoncés par la NASA en février 2010 – constituerait une vraie rupture en matière de technologie de propulsion.

Il est aussi question d'une rupture psychologique. Loin de mettre en question le rêve, le vieux rêve américain de la nouvelle frontière – superbement mis en scène dans la série *Star Trek* –, il convient pourtant de se demander s'il était vraiment honoré par une répétition, même améliorée, relookée, du programme Apollo. Sans doute n'est-il pas facile pour les États-Unis, pour la NASA de laisser les Chinois, les Indiens se lancer dans cette nouvelle course à la Lune, sans y participer eux-mêmes et montrer, une fois encore, leur maîtrise technologique. Et pourtant, l'administration américaine a décidé de rompre avec cette logique, avec l'évidence géographique d'un retour sur la Lune au profit d'un véritable esprit d'innovation. Une telle décision exige, personne ne pourra le nier, un réel courage politique, quelque chose en fin de compte de l'étoffe des héros : qui peut prétendre savoir où cette nouvelle orientation de la politique spatiale américaine, du moins celle des activités civiles, mènera ? Une telle décision exige, personne ne pourra le nier, un réel courage politique, quelque chose en fin de compte de l'étoffe des héros. Nous connaissons déjà les conséquences de la nouvelle orientation de la politique spatiale américaine : un retour différé sur la Lune ou, plus probablement et dans un premier temps, autour de la Lune dans le cadre d'un programme de coopération internationale ; l'émergence, soutenue par la NASA, d'entreprises privées dont la plus connue est SpaceX, créée par Elon Musk. Grâce à ce soutien, SpaceX a bousculé le monde des lanceurs commerciaux et mis en question la suprématie commerciale de la société européenne Arianespace. Une vraie rupture économique et industrielle.

Les ruptures sont donc nécessaires ; elles ne doivent pas pour autant être décidées et menées dans l'urgence, elles ne peuvent ignorer les hésitations, les tensions qui traversent les agences scientifiques, les institutions politiques au sujet des vols habités. Il n'y a rien d'anormal, ni même de regrettable, car elles soulignent la nécessaire maturation. Aux rêves marqués d'utopie des uns comme aux visions frappées de pessimisme des autres, les réalisations technologiques, les contraintes économiques, enfin l'état de l'opinion publique – aujourd'hui plus sensible aux soucis environnementaux – rappellent que la conquête de l'espace commence toujours sur

Terre, dans le désir et l'imaginaire, les rêves et les peurs des humains.

« Le ciel est noir, vous savez, raconte encore Armstrong. Très sombre. Mais il faisait plutôt penser à la lumière du jour qu'à l'obscurité, quand on regardait par le hublot. C'était étrange, mais la surface lunaire paraissait chaude et accueillante. On aurait eu envie d'y prendre un bain de soleil. C'est le genre de situation dans laquelle on a envie de sortir avec un maillot de bain pour tout vêtement et de bronzer un peu. » Cette fois, Armstrong ne rêve pas : il raconte ses premières impressions, une fois posé et descendu sur le sol de la mer de la Tranquillité ; quels que soient les aléas des politiques et des programmes, les réussites et les échecs, les prévisions tenues et les retards accumulés, l'espace n'a pas fini de donner envie aux humains. Il y aura toujours un jour d'après.

V … « Houston, nous avons un problème »

« Mardi 4 décembre 2018, Ariane 5 a parfaitement réussi sa mission depuis le Centre Spatial Guyanais (CSG), port spatial de l'Europe, en mettant sur une orbite géostationnaire les satellites GSAT-11 pour l'ISRO (Indian Space Research Organisation) et GEO-KOMPSAT-2A pour le KARI (Korea Aerospace Research Institue). Il s'agissait du dixième lancement de 2018 au CSG, du sixième de l'année pour Ariane 5 et de son 102ème lancement. » Enfouie dans la masse d'informations que véhiculent en permanence nos moyens modernes de communication, à qui cette information est-elle parvenue ? Qui, en dehors des ingénieurs du CNES et de l'ESA, des dirigeants d'Arianespace et des propriétaires des deux satellites, pouvait d'ailleurs prêter la moindre attention à cette nouvelle ? Pour qu'elle puisse mériter quelques lignes de journal ou une brève annonce radiophonique, il eût fallu pour le moins qu'Ariane 5 explose au décollage ou qu'un groupe de terroristes attaque la base de Kourou. Rien de tel, nous le savons trop bien, qu'une « bonne » catastrophe pour réveiller l'intérêt d'une opinion publique, saturée d'informations et si rapidement blasée.

Mais il n'y a rien de nouveau sous le soleil. Le 11 avril 1970, au moment où Apollo 13 quitte le sol américain pour rejoindre la Lune, l'extraordinaire engouement provoqué par Apollo 11 s'est évaporé : brillamment remportée par la NASA, la course à la Lune s'est déjà transformée en un banal parcours de santé, une promenade pour scientifiques et ingénieurs en mal de nouveauté. Tout chavire lorsque, deux jours plus tard, un réservoir d'oxygène explose ; « *We've had a problem* – Nous avons un problème », annonce laconiquement Jim Lovell. Commence alors une extraordinaire opération de sauvetage pour transformer ce drame en un incroyable succès : cette mission avortée – l'équipage doit renoncer à se poser sur la Lune – fut pendant longtemps la seule du programme Apollo à avoir été portée à l'écran !

Le 28 janvier 1986, lorsque Challenger quitte son pas de tir, combien sont-ils à braver le froid matinal de Cap Canaveral pour regarder partir Christa McAuliffe, la première institutrice de l'espace ? Moins de deux minutes plus tard, l'explosion de la navette fait entrer les sept membres d'équipage dans le panthéon des héros de la nation américaine et les vols habités dans l'espace reviennent, pour quelques semaines, à la une des médias et au cœur de débats enflammés, au sujet de leur opportunité. Surtout lorsque la commission chargée d'enquêter sur les causes de l'accident découvre que les joints des immenses fusées d'appoint n'avaient pas été conçus pour être efficaces aux températures enregistrées cette nuit-là, que plusieurs ingénieurs avaient demandé le report du lancement, mais que leur avis n'avait pas été pris en compte par les responsables de la NASA…

Convenons-en : l'espace entretient une relation singulière avec le danger et le risque, l'accident et la catastrophe ; une relation du type : « Je t'aime, moi non plus. » Ceux qui ont la charge et la responsabilité des affaires spatiales ont aujourd'hui intérêt à montrer comment le recours aux techniques astronautiques est devenu aussi banal qu'indispensable à nos sociétés – pour la prévision météorologique et les télécommunications, pour l'observation de la Terre et la géolocalisation – : que serait notre vie quotidienne sans les centaines de satellites qui tournent inlassablement au-dessus de nos têtes ? Pour autant, ces mêmes responsables savent que ces activités ne sauraient être mises en place et soutenues sans l'appui politique et économique des États et donc, d'une manière ou d'une autre, sans celui de l'opinion publique. Si cette dernière peut être sensible au caractère utile et sécurisé de la technologie spatiale, elle n'est pas non plus insensible au sensationnel, qu'il soit totalement inattendu – je pense aux extraordinaires découvertes astronomiques – ou simplement spectaculaire, pour appartenir alors à l'exploit, à l'héroïque, voire au morbide.

Soit, mais en quoi l'espace est-il alors différent de l'automobile et de l'avion ? À côté des usages les plus courants et les plus sûrs, ceux des transports, n'existe-t-il pas des pratiques plus risquées et plus spectaculaires, celles en particulier qui se déroulent devant un large public au cours de compétitions ou d'exhibitions ? Mais c'est précisément là que se trouve la différence : l'espace, aussi médiatisé qu'il puisse être, ne peut pas flirter avec le danger et le risque comme le font les rallyes automobiles et les meetings aériens. Le temps de la course à la Lune entre Américains et Soviétiques, où il était admis que des astronautes puissent être envoyés vers la Lune avec une chance sur deux seulement de revenir sains et saufs sur Terre, le tout grâce à des fonds publics, ce temps est révolu. Si les Chinois et les Indiens semblent encore animés par un esprit de compétition, les Américains, depuis février 2010, paraissent avoir momentanément rompu avec cette époque et préférer revenir, avec le NewSpace, dans le champ de l'innovation technologique, de l'utilité publique plutôt que de poursuivre une répétition du programme Apollo. Mais la possibilité d'accident et d'échec n'a pas pour autant disparu ; l'opiniâtreté des ingénieurs, le courage des astronautes, bref l'étoffe des héros n'est pas devenue obsolète, ni condamnée à être remisée dans les vitrines des musées de l'espace. Le mot attribué par le cinéaste Ron Howard à Gene Kranz, le directeur de vol d'Apollo 13, « *Failure is not an option* – L'échec n'est pas une option », ne manque pas de panache... mais se trouve loin de la réalité spatiale !

La roulette américaine

Car l'incident, l'accident, le drame, la catastrophe font partie d'une aventure technologique et scientifique, politique et économique, bref humaine, telle que l'espace. Il est aussi inutile d'en dresser la liste qu'irréaliste de l'ignorer : si l'échec est une issue toujours possible de l'espace, transformer cet échec en succès est un devoir – pour reprendre l'autre formule, moins connue mais plus exacte, héritée elle aussi d'Apollo 13 : « *a successful failure* – un échec plein de succès ». Rien de tel, pour cela, que de savoir tirer les leçons de ces échecs.

L'une des premières est de ne jamais oublier que l'entreprise spatiale a coûté cher en vies humaines. Avant même qu'il ne soit question de Spoutnik et d'Apollo, de Gagarine et d'Armstrong, n'oublions pas les détenus des camps de concentration nazis, celui de Dora en particulier, chargés de fabriquer les V-2, mises au point par von Braun et ses ingénieurs de Peenemünde, sur la mer Baltique. N'oublions pas non plus ceux qui ont trouvé la mort « au sol », lors de la mise au point de fusées ou de leur lancement : le maréchal Mitrofan Nedelin, responsable des forces stratégiques de l'Union soviétique, et plus de cent personnes avec lui, lors de l'explosion d'un missile intercontinental R-16, le 24 octobre 1960, à Baïkonour ; les cinquante-six habitants d'un village proche de Xiang, la base de lancement des fusées chinoises Longue Marche, à la suite de l'échec de l'une d'entre elles, le 14 février

1996 ; les vingt-et-un ingénieurs et techniciens brésiliens, lors d'une explosion sur le pas de tir d'Alcantara, le 22 août 2003 ; les trois techniciens américains qui testaient le moteur de SpaceShipTwo, à Mojave, le 26 juillet 2007 ; le copilote du vaisseau SpaceShipTwo, dans l'accident du 31 octobre 2014, etc. La communauté des astronautes, cosmonautes et taïkonautes a payé un lourd tribut à l'espace : depuis le début des vols habités en 1961, pour près de cinq cents hommes et femmes ayant été dans l'espace, vingt-deux ont accidentellement péri, durant une mission ou au cours de leur entraînement. Les navettes spatiales, conçues et utilisées par les Américains, se sont révélées particulièrement dangereuses : selon Jeffrey Bell, cité par Serge Brunier, il serait six fois plus dangereux de prendre place à bord de l'une d'entre elles que dans le cockpit d'un bombardier B 24 Liberator à destination de l'Allemagne nazie en 1944. Si la valeur d'une telle estimation peut toujours être relativisée, voire critiquée, elle s'accorde du moins avec le constat du prix Nobel Richard Feynman, à la suite de l'accident de Challenger : monter à son bord relèverait de la « roulette russe »...

L'expression n'est pas seulement, involontairement sans doute, ironique ; elle est aussi erronée. En effet – et c'est là une deuxième leçon –, non seulement Américains et Russes n'ont pas la même culture de la sécurité des équipages mais, qui plus est, les seconds se révèlent, en ce domaine, plus tatillons que les premiers ! Au début des vols habités, l'approche de la sécurité des équipages était très voisine chez les uns et les autres ; trois grands principes étaient appliqués : la sauvegarde des populations au sol avant celle de l'équipage ; la solidarité de l'équipage – il faut chercher à sauver l'ensemble de l'équipage, non un individu en particulier – ; le souci de la sécurité à tout moment de la mission, avec des procédures et des moyens spécifiques à chaque phase du vol, y compris sur le pas de tir et en phase ascensionnelle. Un exemple d'application de ces principes : la mini-fusée installée au-dessus de la capsule permet, en cas de danger au décollage, de la détacher du reste de la fusée ; le Soyouz russe en est équipé, avec deux sauvetages à son actif, les Mercury, Gemini et Apollo américaines aussi. Un autre exemple : le retour sur Terre grâce à une chute libre balistique se terminant sur terre ou en mer, plus brutal mais moins périlleux que le retour plané. Est-ce le succès, presque inattendu, du programme Apollo, même lors de l'accident d'Apollo 13, qui a conduit la NASA à reconsidérer son approche de la sécurité et à revoir ses principes lors de la conception des navettes spatiales ? Quoi qu'il en soit, après avoir doté ses astronautes de sièges éjectables pouvant être utilisés à très haute vitesse (Mach 3), elle fit ensuite une complète impasse sur la possibilité de sauver l'équipage pendant la phase de propulsion des étages à poudre : cent vingt secondes au cours desquelles les astronautes sont à l'entière merci de la technologie, avec les conséquences que nous savons pour l'équipage de Challenger.

Au contraire, lorsqu'ils conçurent leur propre navette, les Russes restèrent fidèles à leur tradition. Si Bourane – c'était son nom – ressemblait beaucoup au modèle américain, elle n'en comportait pas moins des sièges éjectables et, contrairement au système américain, n'assurait elle-même aucune propulsion : elle aurait donc pu être plus facilement séparée de sa fusée-porteuse Energia. Mais Bourane ne fit rien qu'un vol d'essai... en mode automatique, autrement dit sans pilote.

Des erreurs et des hommes

J'ose à peine énoncer la troisième leçon, puisqu'elle appartient aux pages roses du *Larousse* : *Errare humanum est* – L'erreur est humaine. J'entends ici l'erreur apparemment impossible, l'oubli inimaginable, la confusion improbable comme celle qui a entraîné la perte de la sonde Mars Climate Observer, lors de sa mise en orbite autour de la planète rouge, le 23 septembre 1999 : les ingénieurs avaient eu recours à deux systèmes de mesure, anglo-saxon et métrique ; une confusion entre les deux a été fatale à la sonde martienne. La NASA a officiellement adopté le système métrique en 2007. Un autre exemple d'erreur humaine qui aurait pu être évitée est celle qui a touché une autre mission d'exploration, Genesis. Lancée le 8 août 2001 depuis Cap Canaveral par une fusée Delta 2, cette sonde avait pour mission de récolter et de ramener sur Terre quelques microgrammes de poussières transportées par les vents solaires ; de telles particules pourraient en effet fournir aux scientifiques des informations sur les origines du Soleil et de son système planétaire. Pour mener cette mission, la sonde est restée durant presque deux ans et demi sur l'un des deux points de Lagrange, à un million et demi de kilomètres de la Terre. Puis elle est revenue vers notre planète. Son retour était digne d'une superproduction hollywoodienne : avec le désert d'Utah pour décor, le 8 septembre 2004 à l'heure de midi, deux hélicoptères devaient capturer la sonde lors de sa descente sous parachute, comme aux temps de la guerre froide lorsque les militaires américains récupéraient en plein vol les films pris par leurs satellites-espions. Malheureusement, la mission Genesis n'a pas eu d'*happy end* : ses deux parachutes ne se sont pas ouverts et la sonde s'est écrasée, dans une explosion de terre et de particules métalliques. Rien ne laissait présager une telle issue, pour une mission qui n'avait rencontré jusque-là aucune difficulté majeure. L'enquête menée ensuite par la NASA a permis de découvrir la cause de cet accident : Lockheed Martin, l'industriel chargé de la fabrication de l'engin près de Denver, avait négligé de réaliser les tests initialement prévus qui auraient pu révéler que, lors du montage de la sonde, des accéléromètres avaient été installés à l'envers : ils n'ont donc pas pu mesurer la décélération subie par la sonde à l'entrée dans l'atmosphère et n'ont pas déclenché l'ouverture des parachutes. Dur, dur pour la confiance en la sécurité de l'éventuel retour d'échantillons martiens.

Fort heureusement, ces tests avaient été réalisés pour une autre mission, partie avant Genesis mais revenue seize mois plus tard. Le 15 janvier 2006, après une odyssée spatiale de sept ans et de près de cinq milliards de kilomètres, Stardust, une autre sonde spatiale américaine, a livré aux Terriens la capsule de 46 kg, avec sa « cuillère à café » de poussières cosmiques. Au terme de son périple, la sonde a largué son précieux passager à 110 000 km de la Terre, avant d'allumer ses moteurs pour partir se placer en orbite autour du Soleil. Quatre heures plus tard, la capsule a atteint les premières couches de l'atmosphère qu'elle a traversées à une vitesse-record de plus de 46 000 km/h. À 32 km d'altitude puis à 10 000 mètres, les deux parachutes se sont parfaitement déployés, freinant la chute puis assurant un atterrissage en douceur dans le désert de l'Utah. C'était la première fois, depuis la mission Apollo 17, en 1972, que des matériaux extraterrestres étaient ramenés, « sains et saufs », sur Terre.

Envisager l'échec

Une quatrième et dernière leçon serait une invitation à tout prévoir et avant tout l'échec. Aujourd'hui pas moins qu'hier, l'exploration spatiale peut paraître excéder les limites de nos capacités humaines : celles de nos connaissances et de nos techniques, celles de nos assurances politiques et financières, celles surtout du sacrifice de vies humaines. Est-il raisonnable d'élaborer et de défendre des programmes de vols habités vers la planète Mars, alors même que sont connus les dangers liés à l'exposition prolongée au rayonnement cosmique, mais pas nécessairement les moyens d'en protéger les équipages ? Est-il raisonnable d'envoyer des humains pour une mission aussi longue et surtout aussi éloignée de la Terre, au point qu'un échange avec le centre terrestre de contrôle demanderait une quarantaine de minutes ? Ceux qui défendent avec opiniâtreté la nécessité de lancer sans plus de retard une mission vers la planète rouge afin surtout d'y poser un pied humain paraissent minimiser ces contraintes, ces dangers, alors que leurs contradicteurs les mettent en avant, voire les exagèrent. Je ne chercherai pas à savoir qui a tort, qui a raison : envoyer un équipage d'humains vers Mars, quelles que soient les techniques utilisées, sera une opération immanquablement dangereuse. Le courage ne se limitera pas, pour les responsables d'alors, à la décider et, pour les astronautes, à y participer ; le courage consistera aussi à prévoir et préparer l'issue la plus fatale. Je pense ici à la tâche confiée à William Safire le 18 juillet 1969, trois jours avant l'alunissage d'Armstrong et d'Aldrin : celle de rédiger le discours qu'aurait prononcé le président Richard Nixon si les deux astronautes étaient restés bloqués sur la Lune. « Le destin a voulu que les hommes qui sont allés explorer la Lune en paix y resteront pour reposer en paix. Ces hommes courageux, Neil Armstrong et Edwin Aldrin, savent qu'il n'y a pas d'espoir pour leur récupération. Mais ils savent aussi que leur sacrifice est porteur d'espoir pour l'humanité. Ces deux hommes sacrifient leur vie pour le dessein le plus noble de l'humanité : la recherche de la vérité et de la compréhension. Ils seront pleurés par leurs famille et amis, par la nation, par le peuple du monde et par la Terre qui a osé envoyé deux de ses fils dans l'inconnu. Par leur exploration, ils ont poussé les peuples de la Terre à se sentir un ; par leur sacrifice, ils renforcent la fraternité entre les hommes. » Ce discours, fort heureusement, n'a pas été prononcé ; Richard Nixon, lorsqu'il a pu s'entretenir le 24 juillet avec les astronautes, alors qu'ils étaient en quarantaine à bord du porte-avions Hornet, en a gardé au moins une idée : « Grâce à ce que vous avez accompli, les habitants du monde n'ont jamais été aussi proches les uns des autres. » Après avoir gagné la course à la Lune contre les Soviétiques, les Américains découvraient-ils les vertus pacifiques de l'espace ?

VI … « Nous irons à Baïkonour »

« Nous allons en Russie… Nous irons à Novossibirsk, la ville scientifique, à Baïkonour, la base spatiale, grand mystère ! » Par ces mots, le Général de Gaulle annonce à ses ministres, le 15 juin 1966, son séjour en Russie, un voyage officiel qui va durablement marquer les liens entre les deux pays. Il ne manque pas de souligner le caractère exceptionnel de sa visite à Baïkonour : il sera le premier chef d'État occidental à découvrir le cosmodrome, construit en plein milieu de la steppe kazakhe, à Tioura-Tam, une dizaine d'années auparavant. Les autorités soviétiques ont jusqu'alors multiplié les précautions afin de garder secrète cette Mecque de l'espace ; en avril 1961, lorsqu'ils sont contraints d'enregistrer le vol de Gagarine, afin de leurrer encore les Occidentaux, ils choisissent de donner à leur base le nom de Baïkonour, une localité située à près de quatre cents kilomètres de Tioura-Tam. Il n'est guère étonnant qu'à l'occasion de la visite du président français, les Soviétiques aient prévu de le faire assister au tir d'un missile intercontinental, la R-7 : le contexte est celui de la guerre froide et le cosmodrome a précisément été implanté par l'armée soviétique pour y développer la R-7. En revanche, il est remarquable qu'ils ajoutent au programme présidentiel le lancement d'un satellite de météorologie : j'aime y voir l'invitation à ne pas cantonner l'espace aux seules applications militaires et à envisager de possibles champs de collaboration entre les pays. Et, de fait, à la suite de cette visite mémorable, la coopération franco-russe a pris de multiples formes : après les missions de cosmonautes français à bord des stations Saliout, puis Mir – c'est ainsi que Jean-Loup Chrétien est devenu le premier cosmonaute français, en 1982, ou encore que Jean-Pierre Haigneré a passé six mois dans l'espace, en 1999 –, l'arrivée du lanceur Soyouz à Kourou en a marqué une nouvelle étape.

La visite du cosmodrome de Baïkonour par de Gaulle est une date importante pour la coopération internationale dans le domaine spatial, mais non la première. Les prémices en sont posées dès la fin de la Seconde Guerre mondiale, lorsque les grandes puissances envisagent la question d'un possible contrôle mutuel en matière de recours à l'énergie atomique : ne faut-il pas instaurer un libre accès à l'espace aérien, un *open sky*, un ciel ouvert, comme le propose le président américain Eisenhower à Genève, en juillet 1955 ? Son homologue soviétique, Nikita Khrouchtchev, premier secrétaire du Parti communiste, refuse catégoriquement : « *Niet, niet, niet.* Tout ce que vous cherchez à faire c'est de regarder dans nos chambres à coucher ! »

Du sexe des vaisseaux spatiaux

Les succès de Spoutnik et de Gagarine, puis la course à la Lune n'améliorent pas les relations entre les blocs de l'Ouest et de l'Est, mais n'empêchent pas le président John F. Kennedy de suggérer le 21 septembre 1963, devant l'assemblée générale des Nations unies, l'organisation d'une expédition américano-soviétique vers la Lune ; les Soviétiques déclinent l'invitation : ils espèrent encore arriver les premiers sur le sol lunaire. Moins de dix ans plus tard, les choses ont changé. Les astronautes américains d'Apollo 16 ont exploré, en avril 1972, le cratère Descartes en recourant pour la deuxième fois aux bons services d'une jeep lunaire, la Lunar Rover et les autorités de la NASA pensent déjà au programme post-Apollo ; une dernière mission lunaire est prévue pour le mois de décembre suivant. De leur côté, les Soviétiques se préparent à lancer, en novembre 1972 et pour la quatrième fois, leur fusée géante N-1, conçue pour rivaliser la Saturne 5 américaine ; les trois exemplaires précédents ont tous explosé. Le climat n'est donc plus celui de la course acharnée des années 1960, mais plutôt celui de la lassitude… et de la collaboration : le 24 mai 1972 est ratifié un projet de rendez-vous spatial entre deux vaisseaux Apollo et Soyouz. Trois ans sont alors nécessaires pour réaliser cette opération : le 15 juillet 1975, décollent respectivement de Baïkonour et de Cap Canaveral une fusée Semiorka et le dernier exemplaire de la Saturn-1B. Deux jours plus tard, a lieu l'amarrage des deux vaisseaux : c'est une première dans l'histoire de l'espace ! Les passionnés d'astronautique aiment à rappeler l'âpreté des tractations diplomatiques qui furent nécessaires pour mettre au point le système d'amarrage : aucune des deux nations ne voulait assumer le collier « femelle » ; afin de ménager les susceptibilités, il fallut mettre au point des pièces « androgynes ». Apollo et Soyouz restent arrimés pendant quarante-quatre heures, au cours desquelles des photos de la couronne solaire peuvent être prises, Apollo servant à provoquer une espèce d'éclipse solaire pendant que les cosmonautes opèrent depuis Soyouz. Aux côtés du commandant américain Thomas Stafford et de Vance DeVoe Brand, se trouve Deke Slayton, un ancien du programme Mercury, l'un des sept premiers astronautes, qu'une légère tachycardie a écarté jusqu'alors des missions spatiales : à cinquante et un ans, il devient l'astronaute le plus âgé – il n'est détrôné qu'en 1998, lorsque John Glenn, le premier astronaute américain à avoir rivalisé avec Gagarine, embarque à bord de la navette à l'âge de soixante-dix-sept ans. Côté soviétique, la vedette, aux côtés de Valery Kubasov, est le commandant Alexei Leonov, le premier marcheur de l'espace : après avoir flotté, le 18 mars 1965, autour de son vaisseau Voskhod, relié seulement par un cordon, il avait raconté : « La Terre paraissait petite, bleue, claire, si attendrissante, si esseulée. C'était notre demeure et il fallait que je la défende comme une sainte relique. » Celui qui aurait dû être le premier Soviétique à poser le pied sur la Lune apprécie sans doute ce nouveau pas franchi dans l'histoire spatiale, celui de la coopération internationale : petit pas pour Slayton et Leonov, Stafford, Brand et Kubasov, la mission Apollo-Soyouz est un pas de géant pour une humanité encore engluée dans les conflits, divisée par les frontières et les murs. Le président des États-Unis, Gerald Ford, y voit « un exemple de ce qui doit être fait pour réaliser un monde meilleur » et Leonid Brejnev prévoit « le développement des futures stations spatiales internationales et le renforcement de la paix pour toute l'humanité ». Stafford leur répond : « Nous souhaitons que la coopération spatiale soit mise au service de tous les hommes de tous les pays. » Pour autant, il faut attendre encore vingt années pour qu'une rencontre du même type ait lieu : à la suite d'un accord signé en juin 1992 entre George Bush et Boris Eltsine, la navette Atlantis s'arrime à la station russe Mir le 29 juin 1995 ; les Russes et les Américains entament ainsi une longue période de collaboration qui, après une phase d'apprentissage à bord de Mir, prépare et réalise la mise en orbite terrestre d'une station internationale, l'ISS. Débutée en 1998, la construction de cette structure de quatre cents tonnes s'est achevée en 2011, grâce aux efforts techniques et financiers des États-Unis, de la Russie, de l'Europe, du Canada et du Japon ; elle devrait ensuite être utilisée au moins jusqu'en 2024.

Et l'Europe dans tout ça?

Et l'Europe de l'espace, se demandera le lecteur, étonné – à juste titre – de ne pas avoir encore croisé le nom d'Ariane? J'ai évoqué les conséquences de la visite à Baïkonour du président français – qui avait rassuré ses ministres en disant: « Nous allons en Russie, pas tout à fait revêtu de probité candide et de lin blanc, mais sans arrière-pensées et sans préjugés » –; de fait, la France, comme plusieurs autres pays européens, a mis en place des accords, avec l'Union soviétique et les États-Unis, mais aussi avec le Japon, l'Inde, la Chine ou encore le Brésil, portant sur des programmes déterminés, scientifiques ou technologiques. Mais rien n'a dépassé l'ambition d'une Europe de l'espace, désormais réalisée par l'agence spatiale européenne, l'ESA pour European Space Agency, née le 15 avril 1975 de la fusion-absorption de deux précédentes agences, l'ESRO (European Space Research Organization) et l'ELDO (European Launcher Development Organization). Créées en 1962 – quelques mois après le CNES, le Centre national d'études spatiales –, elles reçoivent pour missions respectives la réalisation de satellites scientifiques et de lanceurs, les fusées Europa. Si le lancement du satellite ESRO-2B par une fusée américaine Scout est un succès, la fusée Europa-2 accumule les échecs, depuis ses pas de tir de Woomera, en Australie, et de Kourou. La France, soucieuse de l'indépendance européenne en matière de lancement spatial, propose alors de revoir entièrement le programme du futur lanceur européen, de renoncer à la juxtaposition d'un premier étage anglais, d'un deuxième français, d'un troisième allemand et d'une « coiffe » italienne, de confier au CNES la maîtrise d'œuvre du nouveau programme, sobrement nommé L3S, pour « Lanceur de troisième génération de substitution ». L'idée est acceptée en même temps que la refonte des organisations. Les Américains, qui mettent au point leur concept de navette, se gaussent du caractère rétro de la fusée européenne ; pourtant, le premier lancement d'Ariane-1, le 24 décembre 1979, marque une nouvelle étape dans l'histoire de l'espace : le début de la suprématie des Ariane, parmi les lanceurs commerciaux.

Au fait, pourquoi avoir choisi le nom d'Ariane ? Jean Charbonnel, financier de la Cour des Comptes au moment de ce baptême, raconte : « Georges Pompidou considérait que l'appellation L3S n'était pas très commerciale. Me rappelant mes humanités, j'ai pensé au fil d'Ariane qui, dans la mythologie grecque, permit à Thésée de se retrouver dans le labyrinthe après avoir triomphé du Minotaure. Ariane se trouvait depuis dix ans dans un labyrinthe de projets compliqués. Puis, en suivant un fil conducteur, on est enfin sorti de l'impasse ! » Une légende de plus ?

L'espace n'est pas hors-la-loi

Lieu et moyen privilégiés offerts aux États pour construire, affirmer ou consolider leur domination, leur suprématie, leur indépendance, l'espace a aussi permis et permet donc encore de réaliser de vrais progrès en matière de réalisations conjointes et de coopérations internationales ; quelles pourraient être les origines d'une telle propriété ? Sans doute l'espace la doit-elle à ses deux géniteurs, les domaines militaire et scientifique – le glaive et la paillasse, comme l'a joliment écrit Roger Bonnet –, qui, par des voies et pour des raisons diverses, peuvent tous les deux conduire, voire obliger, des groupes parfois ennemis à trouver, au-delà de leurs différences et de leurs désaccords, des motifs de dialoguer, de collaborer, de coopérer. Plus encore, me semble-t-il, l'espace moderne a profité, dès sa naissance officielle en 1957, d'un esprit particulier qui, loin d'être resté désincarné, a inspiré les traités et les accords qui constituent désormais le droit qui lui est associé, le droit spatial.

De cet esprit, j'ai déjà décrit quelques expressions à travers les notions de libre accès à l'espace, d'apanage ou encore d'envoyé de l'humanité ; en y ajoutant ici celle de bien commun et de patrimoine de l'humanité, je voudrais souligner, au risque d'agacer le lecteur et d'être critiqué pour manque d'objectivité, une propriété, une singularité de l'entreprise spatiale : celle d'avoir posé, en même temps que ses premières réalisations, ses premiers succès et ses premiers échecs, le cadre juridique et éthique de ses futures activités. La situation est suffisamment exceptionnelle pour être soulignée, à notre époque où, dit-on, le droit ne cesse de courir derrière le progrès technique sans jamais parvenir à le rattraper.

« L'espace extra-atmosphérique, y compris la Lune et les autres corps célestes, peut être exploré et utilisé librement par tous les États sans aucune discrimination, dans des conditions d'égalité et conformément au droit international, toutes les régions des corps célestes devant être librement accessibles. » Que prétend affirmer ainsi le premier article du traité de l'espace de 1967 ? Pour l'essentiel, que l'espace n'est pas un *no man's land*, un territoire *nullius* qui pourrait être occupé et exploité par le premier venu ou par n'importe qui. L'espace, énonce ainsi le traité, possède un caractère international et ne peut être approprié par aucun État ; il doit être considéré comme un domaine public où tous et chacun doivent respecter l'ordre, la paix et l'égalité entre les États. Poser une telle affirmation, au milieu des années 1960, est loin d'être anodin : alors que les deux grandes puissances mondiales, les États-Unis et l'Union Soviétique, mènent entre elles une lutte acharnée pour parvenir sur la Lune, tout en développant des moyens spatiaux au service de leurs forces armées, ce traité propose de protéger l'espace de toute revendication nationale et de toute velléité militaire, afin de pouvoir l'offrir à l'ensemble de l'humanité, ni plus ni moins. Le propos est généreux, prophétique, voire utopique ; il a le grand mérite d'avoir été tenu, appuyé et confirmé par les États, en nombre plus ou moins important selon les textes proposés à leur signature : le traité de l'espace a été ratifié par quatre-vingt-dix-sept États et signé par vingt-sept autres ; l'accord sur la Lune n'a été ratifié que par douze États et signé par quatre autres. Mais quel statut le droit spatial confère-t-il exactement à l'espace ?

Revenons au premier article du traité de 1967 ; une idée juridique y est sous-jacente, celle de patrimoine commun. Elle désigne ce qui est déclaré appartenir à tout le monde et devoir par conséquent être utilisé avec le souci de l'intérêt commun, la part de chacun – par exemple, de ressources – lui étant garantie. Le concept de patrimoine commun de l'humanité est apparu dans les années 1960, dans un contexte politique de décolonisation, de bipolarisation des relations internationales et d'émergence de nouveaux rapports Nord-Sud ; il est d'ailleurs lié à la notion de « nouvel ordre économique international », revendiquée à la même époque par les États nouvellement décolonisés, fondée sur l'équité, l'interdépendance, l'égalité souveraine et la coopération entre les États. Suite à la proposition faite par l'ambassadeur maltais Arvid Pardo en 1967, la convention internationale de Montego Bay, signée en décembre 1982, a eu recours au même concept de patrimoine commun de l'humanité pour l'appliquer aux fonds marins ; il s'agissait alors de préserver les nodules polymétalliques de toute exploitation commerciale... tandis que les eaux de surface, autrement dit la haute mer, dès lors qu'elles se trouvent dans les zones internationales, sont traitées comme un bien commun – dans le jargon juridique latinisant : *res communis* – : elles n'appartiennent à personne en propre et sont donc accessibles, utilisables ou exploitables par tous, éventuellement sous certaines contraintes ou dans le cadre d'un règlement ; aucun État ne peut revendiquer sur elles une forme de souveraineté et aucune loi nationale ne s'y applique, même si des accords internationaux y prévoient certaines interventions nationales et l'application de quotas de pêche.

Un autre exemple de patrimoine commun de l'humanité, le lecteur l'aura sans doute deviné, est le continent Antarctique : les « portions de camembert », piquées des drapeaux de quelques nations, ne sont en rien des territoires nationaux, mais seulement des zones placées sous leur responsabilité ; il n'est pas question d'en tirer un autre profit que celui issu des travaux scientifiques, menés au nom de la communauté internationale et de l'humanité tout entière.

Utopie, diront les esprits chagrins ou simplement réalistes, en découvrant l'esprit du droit spatial ; que pèsera ce dernier, poursuivront-ils, lorsqu'il sera possible de tirer des bénéfices conséquents de l'exploitation de la Lune ou des astéroïdes ? Les orbites terrestres ne sont-elles pas d'ores et déjà l'objet d'âpres négociations pour y placer des satellites qui sont des sources de revenus financiers ? Je ne l'ignore évidemment pas, mais n'en reste pas moins persuadé que l'espace présente un caractère singulier : celui d'avoir su poser un cadre, un horizon à ses projets les plus fous et les plus lointains – explorer, conquérir, exploiter les corps célestes – comme à ses services les plus immédiats – transmettre des informations, observer les faits et gestes de la Terre et des humains.

VII ... Nous ne pourrons plus dire...

C'était il y a plus de trente ans, déjà. Le 26 avril 1986, à la suite d'une série d'erreurs, un des réacteurs de la centrale nucléaire de Tchernobyl entre en fusion ; un incendie se déclare ; des nuages irradiés se forment ; des milliers, des dizaines de milliers de personnes trouvent la mort, immédiatement – parmi le personnel et les sauveteurs, les « liquidateurs » – ou par la suite. Les autorités soviétiques tentent d'étouffer la nouvelle, en même temps que l'incendie qui ravage la centrale. En vain : l'information traverse le rideau de fer avec la même facilité et la même rapidité que le nuage contaminé franchit la ligne bleue de nos Vosges nationales. Dès le 30 avril, la chaîne américaine ABC diffuse les vues de la centrale accidentée prises par un satellite Landsat ; quelques jours plus tard, le satellite français Spot-1, fraîchement mis en orbite, en fournit d'autres, plus précises encore. En même temps que l'inquiétant état des centrales nucléaires soviétiques, le monde civil occidental découvre que, désormais, les militaires ne seront plus les seuls à profiter de l'œil perçant des satellites ; *Big Brother* aurait-il changé de camp ?

Des yeux dans le ciel

Car, il faut bien le reconnaître, rien ne laissait présager, trente ans plus tôt, que de telles images puissent tomber du ciel dans le domaine public. Les plus-lourds-que-l'air n'ont pas encore volé, à la fin du XIXe siècle, lorsque Clément Ader affirme : « Qui sera le maître du ciel, sera le maître du monde » ; mais, deux décennies plus tard, la Première Guerre mondiale montre leur utilité et, en 1919, Sir Halford Mackinder peut constater à propos de l'observation aérienne : « Celui qui maîtrise la reconnaissance, observe l'ennemi ; celui qui observe l'ennemi, perçoit la menace ; celui qui perçoit la menace, élabore une alternative ; celui qui élabore une alternative, trouve la parade. » L'Allemand Eugen Diesel surenchérit : « C'est seulement aujourd'hui que nous possédons, grâce à la photo aérienne, un merveilleux moyen pour rendre, avec toute la magie de l'évidence, la terre visible comme une carte, et la carte comme la terre. » La Deuxième Guerre mondiale et les conflits qui la suivent confirment l'intérêt militaire de disposer de moyens de survol des territoires ennemis... et amis ! Avions-espions et renifleurs, ballons munis d'appareils photographiques automatiques appartiennent désormais à la panoplie des forces armées, qui regrettent toutefois leur vulnérabilité : le 1er mai 1960, un U-2 américain est abattu au-dessus du territoire soviétique et son pilote, Francis Gary Powers, capturé ; Eisenhower décide d'arrêter l'espionnage aérien de l'Union soviétique d'autant plus facilement que les ingénieurs américains lui promettent de nouveaux espions, presque aussi invulnérables qu'invisibles : les successeurs de Spoutnik, les satellites.

Depuis la fin des années 1940, les études menées par les bureaux d'ingénieurs et autres *think tank* ne manquent pas pour inviter les militaires américains à suivre la trace ouverte par von Braun et ses puissants V-2 ; les satellites, en effet, offrent les qualités recherchées par les opérations de renseignement, en matière d'altitude et de vitesse, autrement dit de protection et d'invulnérabilité. Demeure pourtant la question de la faisabilité technique de tels engins : non seulement les capacités de résolution de l'époque permettent tout juste d'étudier les masses nuageuses, mais un lanceur fiable n'a même pas encore été mis au point pour placer en orbite un satellite de reconnaissance. Pour remédier à ces lacunes, l'US Air Force démarre, en novembre 1954, le programme WS-117L (WS, pour *Weapon System*, système d'armes), leur premier programme spatial militaire qui doit permettre de mettre au point à la fois un lanceur – et, pour cela, ils s'inspirent des recherches en matière de missile – et une capsule destinée à ramener sur Terre les films pris dans l'espace par les futurs appareils d'observation – là, ce sont les techniques utilisées pour les ogives nucléaires qui sont réquisitionnées. Autant de projets réellement ambitieux mais, ne l'oublions pas, le prix du renseignement, du recueil d'informations sur l'ennemi ou sur l'allié ne semble jamais trop élevé aux yeux des militaires et des gouvernements. En 1955, le général américain James Gavin confirme ce potentiel militaire des satellites : « La première application militaire des satellites sera indubitablement la reconnaissance des systèmes de missiles intercontinentaux » ; pour autant, ce programme militaire ne reçoit qu'un maigre soutien de la part du gouvernement américain qui préférerait donner à sa politique spatiale un caractère plus civil ; les scientifiques n'attendent-ils pas, en cette année mondiale de géophysique qu'est 1957, le lancement du premier satellite qui permettrait une approche globale de la Terre ? Lorsque les Soviétiques envoient Spoutnik le 4 octobre de la même année, personne n'est dupe quant à leurs intentions : deux jours plus tôt, un général soviétique a déclaré que les satellites ne serviraient pas seulement à des fins scientifiques, mais également à des fins militaires d'observation des territoires ennemis et de largage de bombes nucléaires ! Confrontés à ce véritable Pearl Harbor technologique, les Américains s'inquiètent : que fait leur gouvernement ? G. Mennen Williams, le gouverneur du Michigan, se fait leur porte-parole auprès d'Eisenhower en publiant une comptine :

Oh Petit Spoutnik, volant bien haut
Avec un bip-bip « made in Moscou »,
Tu proclames que le ciel est coco
Et que l'oncle Sam est endormi

Que la voie soit libre ou semée d'embûches
Tu dis que le Kremlin est toujours malin,
Nous espérons que nos golfeurs en savent assez
Pour sonner l'alerte et nous réveiller.

Le réveil de l'oncle Sam

L'allusion aux golfeurs ne trompe personne : à cette époque, les adversaires du président américain lui reprochent de passer plus de temps sur les *greens* que dans le bureau ovale et de laisser ainsi l'Union soviétique prendre l'avantage sur les États-Unis, dans la course à la suprématie spatiale. De fait, comme après la catastrophe de Pearl Harbor en décembre 1941, la riposte américaine est aussi vigoureuse qu'efficace. La NASA est créée en octobre 1958 pour en assurer le versant civil – certains disent la couverture civile – pendant que le programme militaire devient une priorité nationale : la série des satellites-espions Corona en est l'un des résultats les plus nets, en même temps que les plus secrets. Douze lancements, douze échecs sont nécessaires avant qu'un de ces engins réussisse sa mission, le 18 août 1960. Le premier film obtenu par un satellite-espion américain quitte le vaisseau à bord d'une capsule protégée par un bouclier thermique ; un parachute orange et blanc freine alors la descente, au-dessus de l'Océan pacifique, près d'Hawaï. Grâce à son émetteur radio, la capsule est repérée par les avions C-119 de l'US Air Force ; l'un d'entre eux s'en approche et déploie un long fil nylon avec lequel il tente d'accrocher le parachute. Après deux essais infructueux, le pilote réussit la manœuvre au moment où l'engin, revenu de l'espace, entre dans une zone nuageuse. Le film est développé et, le 24 août au matin, Eisenhower peut découvrir les premières photos prises par un satellite de reconnaissance américain ; mais personne n'est autorisé à crier « Victoire ! » ni à diffuser la moindre information sur le premier succès de Corona, pas plus que sur les suivants : ce programme demeure soumis aux contraintes du Secret Défense à un point tel que, lorsqu'en 1985, la CIA réunit tous ceux qui y ont participé pour leur remettre la médaille des *Pioneer in Space*, des pionniers de l'espace, elle leur ordonne de n'en dire rien à personne !

Le marché aux images

Mais, demandera encore le lecteur attentif, comment se fait-il alors que nous en connaissions désormais autant sur un programme tenu si longtemps caché ? Certes, les capacités technologiques des satellites-espions ont rapidement dépassé celles des premiers Corona : aujourd'hui, les satellites-espions sont capables de distinguer deux points séparés d'à peine une dizaine de centimètres – les ingénieurs parlent de leur pouvoir de résolution –, alors que leurs ancêtres parvenaient à peine à la dizaine de mètres ; leurs antennes transmettent directement les informations récoltées, sans recourir aux acrobaties aériennes pour récupérer les précieuses capsules ; les KH et leurs compères d'aujourd'hui – KH pour *key hole*, trou de serrure – ne possèdent pas seulement des yeux de lynx, mais aussi des oreilles fort indiscrètes ; etc. Autant dire qu'il n'est plus guère gênant, pour les militaires américains, de dévoiler les secrets, désormais dépassés, de leurs premiers satellites. Dans le même temps, les satellites civils d'observation ont acquis et imposé des capacités d'observation, des pouvoirs de résolution de plus en plus grands. Avec sa résolution de dix mètres, le satellite Spot-1, dont il était tout à l'heure question, « faisait » donc aussi bien que les satellites Corona des premières générations – autrement dit, vingt ans plus tôt... –, à une différence près : les images de Spot sont en vente libre et trouvent facilement acheteurs, y compris auprès des forces armées ! L'Union soviétique, alors en pleine *perestroïka*, a aussi senti le vent tourner : en 1987, le gouvernement de Mikhaïl Gorbatchev annonce la déclassification et la mise en vente d'images satellitaires d'une résolution de cinq mètres, ramenée, en 1992, à deux mètres – soit la résolution des satellites-espions américains des années 1970. Alors, les dernières réticences américaines cèdent : de peur de voir ce nouveau marché, celui des images satellitaires, leur échapper au profit d'autres pays, le gouvernement se voit contraint de lever les différentes interdictions qui pèsent sur l'activité d'observation de la Terre et permet à des compagnies américaines de prendre une part active dans ce domaine commercial, non sans avoir prévu des clauses restrictives pour les données les plus sensibles. La commercialisation des images satellitaires est instaurée dès 1992 ; puis, en mars 1994, le président Bill Clinton autorise les compagnies privées à développer, à mettre en orbite et à vendre des systèmes d'observation de la Terre à très haute résolution – limitée d'abord à quarante et un centimètres puis à trente en 2012. Le monde est entré dans une nouvelle ère, celle du plus inattendu peut-être des *Big Brother* civils, celle de GoogleEarth.

Qui surveillera les surveillants ?

Pourquoi n'y avaient-ils pas pensé plus tôt ? C'est la question de tous ceux qui, depuis le milieu des années 1980, étaient engagés dans la commercialisation des images satellitaires et regrettaient l'intérêt mitigé des milieux professionnels et quasiment nul du public pour leurs produits. Je ne sais pas comment ils ont perçu l'arrivée sur Internet de GoogleEarth, en 2005 ; quoi qu'il en soit, ils ont dû se poser cette question, face à l'incroyable succès rencontré par ce nouveau produit : pourquoi ne pas y avoir pensé plus tôt ? À cette interrogation, ils ont probablement apporté leurs propres et nombreuses réponses ; la mienne est très simple et donc nécessairement insuffisante : parce qu'il était précisément trop tôt. Je veux dire par là que le succès de GoogleEarth n'est pas seulement celui d'une idée commerciale de génie, mais qu'il souligne aussi l'évolution dans laquelle se trouvent aujourd'hui nos sociétés. Cette évolution les fait progressivement passer du processus, déjà ancien de plusieurs siècles, de mondialisation – la mise en place de réseaux commerciaux, informationnels, etc. – à un phénomène de globalisation, autrement dit de prise de conscience d'appartenir à une même entité. J'en ai déjà parlé à propos du témoignage des astronautes, lorsqu'ils voient la Terre depuis l'espace, ou encore de l'influence des photographies de notre planète sur la prise de conscience et les mouvements environnementaux ; un même mouvement accompagne les progrès accomplis en matière d'information auxquels les techniques spatiales n'ont jamais été étrangères. En effet, les satellites, associés aux capacités informatiques, ont accru, dans des proportions sans doute imprévisibles, les données quantitatives et qualitatives auxquelles nous pouvons désormais avoir accès, sur notre planète et notre environnement, sur nos sociétés et nos concitoyens, sur nos proches et nous-mêmes. La surveillance, le renseignement, l'observation sont devenus des motifs d'investissements sociaux et économiques de plus en plus lourds, en même temps que le suppôt d'une servitude parfois volontaire, d'une aliénation souvent consciemment acceptée. Car la surveillance peut aisément servir aux responsables et aux dirigeants à rassurer les groupes et les sociétés dont ils ont la charge : « Dormez, bonnes gens ; nous veillons ! » Ils savent, comme l'a écrit l'auteur de *Mein Kampf* dans sa prison, que

« l'idée de protection hante et remplit la vie », celle des individus comme celle des sociétés ; ils n'oublient pas que Winston Smith, le personnage imaginé par George Orwell dans *1984*, finit par aimer *Big Brother*. Il y a là de quoi frémir, voire même de quoi regretter les progrès du siècle écoulé, si grand paraît le danger d'entrer dans le monde décrit par Orwell et tant d'autres avant ou après lui... à moins que nous y soyons déjà entrés. Peut-être aurions-nous dû prendre au sérieux la mise en garde de Benjamin Franklin et de Thomas Jefferson, lorsqu'ils écrivaient respectivement : « *Those willing to give up a little liberty for a little security deserve neither security nor liberty* » et « *Those who sacrifice freedom for safety deserve neither* » : ceux qui acceptent de perdre, de sacrifier un peu de leur liberté pour gagner un peu de sécurité ne méritent ni l'une ni l'autre. Le danger est aujourd'hui bien réel ; il ne saurait être occulté, pour quelque raison que ce soit. Il exige de ceux qui mettent au point les technologies dont il est question ici comme celles qui le seront demain, de ceux qui les utilisent et les utiliseront une vraie conscience de leurs responsabilités : désormais, l'excuse de la neutralité n'a plus cours dans le champ des sciences et des techniques. Une telle réflexion, qui relève du champ de l'éthique, n'en est aujourd'hui encore qu'à ses balbutiements ; elle s'appuie trop encore sur les peurs et les craintes, réelles ou imaginaires, vis-à-vis des capacités techniques de surveillance des individus et des groupes. Cette première étape est sans doute nécessaire pour faciliter une prise de conscience de la part de tous et de chacun ; mais elle doit aboutir à une posture plus active. L'époque dans laquelle nos sociétés sont entrées, grâce pour partie aux techniques spatiales, doit relever un véritable défi, celui illustré par le drame de Tchernobyl dénoncé par les satellites Landsat et Spot : le temps du « Ni vu, ni connu » est, sinon révolu, du moins menacé. Pourquoi parler de défi ? Parce qu'il n'est plus seulement question d'être mieux informé des événements, heureux ou malheureux, fastes ou néfastes, qui touchent ceux et celles qui vivent aujourd'hui sur cette planète ; il n'est plus seulement question de se demander, selon la sentence bien frappée de Juvénal : « *Sed quis custodiet ipsos custodes ?* Mais qui surveillera les surveillants ? ». Il faut aussi prendre la mesure de la responsabilité globale qui est désormais la nôtre : « Nous ne pourrons plus dire que nous ne le savions pas », écrivait fort justement un journaliste français, au moment des drames humains du Kosovo, en 1991. Le Bouddha – en sanscrit, « l'éveillé » –, six siècles avant notre ère, mettait déjà ses disciples en garde : « La vigilance est le chemin du royaume immortel, la négligence celui qui conduit à la mort. » Rien n'empêche, tout invite à appliquer cette sagesse à l'usage que nous faisons de nos techniques spatiales, même les plus futiles.

VIII … Nouvel espace, nouveaux pionniers !

« Les anciens astrologues avaient peut-être inversé la vérité lorsqu'ils croyaient que les étoiles contrôlaient les destins des hommes. Le temps est peut-être venu où les hommes contrôleront les destins des étoiles. » Ainsi s'exprime Arthur C. Clarke, devant le Congrès américain, en juillet 1975. À cette époque, les Américains ont « remballé » leurs fusées et vaisseaux lunaires et se préparent, avec les Soviétiques, à occuper la banlieue terrestre ; il est alors surtout question de station orbitale, de navette spatiale. Les étoiles paraissent s'être éloignées, même s'il est régulièrement question d'un retour des astronautes sur la Lune, voire d'une première mission sur Mars. Comme si l'espace était hypnotisé par la ronde incessante des hommes et des satellites autour de la Terre… Jusqu'à ce que, au début des années 2000, surgissent (le mot n'est pas trop faible) des entrepreneurs qui prétendent relancer la ruée vers l'espace.

Sept touristes !

Pour l'heure, il n'existe qu'une seule agence de voyages capable d'organiser un séjour dans l'espace, la société Space Adventures ; elle détient en effet un contrat d'exclusivité avec l'agence spatiale fédérale russe qui fournit les vaisseaux Soyouz à destination de la station spatiale internationale (ISS). Le premier à s'adresser à son comptoir de vente est Dennis Tito, un ancien ingénieur de la NASA, qui vole entre le 28 avril et le 6 mai 2001 ; puis partent Mark Shuttleworth, entre le 25 avril et le 6 mai 2002, et Gregory Olsen, en octobre 2005. En septembre 2006, grâce à un séjour de dix jours à bord de l'ISS, Anousheh Ansari devient la première femme touriste de l'espace ; de nationalité américano-iranienne, elle n'est pas autorisée à coudre le drapeau iranien sur sa combinaison : le pouvoir de l'argent et le caractère international de l'espace ne suffisent pas à faire oublier les tensions diplomatiques qui étranglent notre Terre. Charles Simonyi, un ancien employé de Microsoft, détient un record remarquable : il est le premier touriste à être allé deux fois dans l'espace, en avril 2007 et en mars 2009. Après le vol de Richard Garriott, le fils d'un astronaute américain connu comme concepteur de jeux vidéo, en octobre 2008, Guy Laliberté devient le septième touriste de l'espace en septembre 2009 : le créateur du Cirque du Soleil embarque un nez rouge de clown ; sans doute encore une première dans l'histoire de l'espace – Patrick Baudry était monté à bord de la navette Discovery, le 17 juin 1985, avec une baguette de pain sous le bras et un béret basque sur la tête, mais il n'était pas un touriste. Sept : un chiffre symbolique de l'aventure spatiale, puisque les premiers astronautes américains, ceux de *L'étoffe des héros*, étaient au nombre de sept ; les équipages des navettes Challenger et Columbia, respectivement détruites en 1986 et en 2003, comptaient sept membres. Pourtant, arrivé à ce nombre, se pose une question : Laliberté aura-t-il été, avant longtemps, le dernier touriste de l'espace ? Depuis que l'équipage de l'ISS compte six astronautes professionnels et avec la fin des vols de navette, plus aucune place n'est accordée à Space Adventure. Pour l'instant, le site Internet de l'agence propose toujours des séjours d'une dizaine de jours en orbite terrestre et prévoit même des sorties extra-véhiculaires, ainsi que de futurs voyages autour de la Lune.

Deux autres propositions du catalogue de Space Adventures sont plus réalistes : le vol parabolique et le vol suborbital. Le premier n'est qu'un succédané d'espace pour touristes pas trop argentés : pour la somme de cinq mille dollars, vous pouvez monter dans un avion spécialement aménagé, capable de vous faire découvrir les plaisirs – et, éventuellement, les inconvénients – de l'absence de gravité ; pendant une bonne vingtaine de secondes, vous vous prenez pour le capitaine Haddock se battant avec des bulles de whisky. Mais, malheureusement, vous ne grimpez pas au-delà de dix kilomètres d'altitude, alors que, pour pénétrer dans le domaine de l'espace et décrocher votre étoile d'astronaute, il faudrait atteindre la centaine de kilomètres. C'est ce qui est promis aux passagers des vols suborbitaux.

Leur origine se confond avec les premiers temps de la conquête spatiale : les Américains, les Soviétiques, après les Allemands ont imaginé et parfois réalisé des engins capables d'accomplir des vols suborbitaux, d'atteindre une altitude de cent à cent trente kilomètres et une vitesse de Mach 3 à 4 – au lieu des 25 exigés pour mettre un objet en orbite autour de la Terre –. Après les célèbres X-15 des années 1960, la NASA poursuit cette veine technologique, durant les années 1990, avec les projets DC-X, X-33 et X-34. Une nouvelle étape est franchie au début du nouveau millénaire : SpaceShipOne, l'avion-fusée de Burt Rutan, remporte le 4 octobre 2004 le fameux Ansari X Prize, d'un montant de dix millions de dollars, attribué à la première entreprise ou organisation non gouvernementale, capable de lancer dans l'espace un véhicule spatial habité. S'offre ainsi aux amateurs une autre possibilité que le voyage à bord de l'ISS, celle du vol suborbital. À cet effet, l'homme d'affaires Richard Branson et Burt Rutan ont signé, le 27 septembre 2004, un accord au terme duquel la société de ce dernier, Mojave Aerospace Adventure, doit fournir à Virgin Galatic cinq véhicules spatiaux SpaceShipTwo, capables d'emporter à une altitude de cent dix kilomètres deux pilotes et six passagers. Trois heures trente minutes de vol, trois à quatre minutes d'apesanteur, pour un billet estimé à deux cent mille dollars américains. Le vaisseau SpaceShipTwo, rebaptisé Virgin Space Ship (VSS) a fait son premier vol inaugural, accroché à son avion-porteur, WhiteKnightTwo, le 20 mars 2010; en octobre 2014, il a été détruit lors d'un vol d'essai, entraînant la mort de l'un des deux pilotes. Un nouvel appareil a été construit; les tests ont repris mais le premier vol commercial est toujours attendu.

À plus d'un égard, le tourisme spatial constitue une source d'interrogations : la rapidité avec laquelle l'astronaute-explorateur se voit non pas suivi mais accompagné par le touriste, les risques encourus par ces nouveaux voyageurs de l'espace et les niveaux d'assurance à prévoir, les défis juridiques à relever, etc. Ainsi et à plus d'un égard, le secteur spatial se trouve poussé jusqu'à plusieurs de ses limites. Par exemple, celle de la sécurité : est-il raisonnable d'estimer le risque encouru par les touristes des vols suborbitaux à un accident sur dix mille ou cinquante mille vols suborbitaux à but commercial, alors que la production des vaisseaux du type VSS ressemblera davantage à celle d'aéronefs expérimentaux qu'à celle des avions de ligne actuels ? Qu'en est-il aussi de l'articulation des juridictions entre les domaines aérien et spatial ou encore de la responsabilité des États dans une activité qui ne relève plus de l'intérêt national, militaire ou scientifique, mais essentiellement de la perspective économique ?

Ces nombreuses interrogations n'ont pas empêché d'autres entrepreneurs d'investir dans le tourisme spatial.

Gradatim Ferociter

Gradatim Ferociter. Pas à pas courageusement. Les bottes sur lesquelles figure cette virile et sage formule latine, n'ont pas l'allure de celles qui foulèrent le sol lunaire, les célèbres *Moon boots* des missions Apollo. Elles ont plutôt l'air de sortir du *far west* américain ; elles auraient pu chausser un *cow-boy* légendaire ou l'un de ses héritiers à cheval. Celui qui les porte est aujourd'hui l'homme le plus riche du monde ; il s'appelle Jeff Bezos et « pèse » 135 milliards de dollars.

À peine a-t-il créé le site Amazon en 1995, « la plus grande librairie du monde », que le jeune entrepreneur de quarante ans décide de fonder en 2000 une société consacrée à l'espace ; il l'appelle Blue Origin, une référence explicite à la planète Terre. Ce n'est pas une lubie d'homme riche. Écolier, il avait remporté un concours organisé par la NASA grâce à un article intitulé « Les effets de l'apesanteur sur le taux de vieillissement de la mouche domestique » et, pour récompense, avait visité le centre spatial de Marshall, dans l'Alabama. Étudiant et chargé du discours de fin d'étude, il avait parlé de la colonisation de l'espace. Blue Origin n'est donc pas une lubie, mais la réalisation d'un rêve d'enfance et Bezos se propose de mettre au point un lanceur avec lequel il proposerait de courts voyages dans l'espace à un prix accessible. Six années passent avant que soit réalisé, le 13 novembre 2006, le premier test de son véhicule spatial, New Shepard ; un clin d'œil, un hommage à Alan

Shepard, le premier Américain à réaliser, le 5 mai 1961, un vol suborbital. L'engin de Bezos atteint une petite centaine de mètres d'altitude, avant de se reposer sur son aire de décollage : les fusées construites par Blue Origin doivent être réutilisables. Le premier pas est modeste, mais il n'en est pas moins un succès. *Gradatim*, pas à pas.

Le 23 novembre 2015, soit neuf ans plus tard, New Shepard, toujours inhabité, atteint cette fois les frontières de l'espace, soit l'altitude de 100,5 kilomètres, à la vitesse de Mach 3,72. Alors que la capsule destinée aux futurs astronautes redescend sous la voilure de trois parachutes, la fusée utilise ses moteurs pour revenir atterrir doucement sur Terre ; les ingénieurs lui font même accomplir un bref vol stationnaire avant de la poser sur l'aire de décollage, devenue également une aire d'atterrissage. Jamais un tel exploit technologique n'avait jusque-là été réalisé... sauf par la fusée au damier rouge et blanc dessinée par Hergé ! Celle de Bezos répète ce trajet à plusieurs reprises. *Gradatim ferociter*, pas à pas, étape par étape, courageusement.

Avant même de faire monter ses premiers clients à bord de New Shepard , Bezos dévoile, le 12 septembre 2016, son projet suivant : New Glenn, en référence cette fois au premier astronaute américain à avoir volé autour de la Terre. Une fusée de 82 mètres de haut dans sa version « courte » et de 95 mètres dans sa version « longue », dont le premier étage sera, bien évidemment, réutilisable. Le but est clair : alors même que la rentabilité du secteur touristique spatial reste encore à démontrer, Bezos ne perd pas de vue son but, celui d'aller *beyond*, au-delà de l'orbite terrestre. Bezos ne mâche pas ses mots : « sur le long terme, les plus résolus et les plus méthodiques gagnent la partie ». Pense-t-il à son rival, Elon Musk, qui a déjà raflé de nombreux contrats avec sa société SpaceX ?

Les rockstars du NewSpace

La date du 27 septembre 2016 est-elle entrée dans les annales de l'histoire ? Probablement pas ; mais l'événement qui a eu lieu ce jour-là dans l'imposante salle du centre de conférences de Guadalajara, au Mexique, au cours du congrès annuel organisé par la Fédération internationale d'astronautique et l'Académie internationale d'astronautique, a très certainement marqué la mémoire de ceux qui ont pu y assister. Le matin, une session a réuni les responsables de plusieurs nouvelles entreprises spatiales : Blue Origin, Virgin Galactic (fondée par Richard Branson), One Web (représenté par son fondateur, Greg Wyler). C'était la première fois que ce congrès annuel, le 67e du genre, réunissait ces entreprises sur un même « plateau ». Mais l'événement de ce 26 septembre, celui pour lequel une centaine d'étudiants avaient décidé de dormir sur place pour être assurés d'avoir les places du premier rang, a été l'intervention d'Elon Musk, le patron de SpaceX. Deux heures avant son début programmé, les files d'attente s'allongeaient déjà et, lorsque les portes de la salle se sont ouvertes, la ruée des plus jeunes congressistes fut digne de celles habituellement réservées aux concerts des *rock stars*. De mémoire de congressistes, jamais un intervenant n'avait provoqué une telle bousculade. Comme si, soixante ans après le vol de Spoutnik, l'espace présentait de nouveaux atours, de nouveaux charmes.

Tous ceux qui sont dans la salle de conférences connaissent le parcours d'Elon Musk : il a fait fortune en revendant ses parts de PayPal à eBay, avant de créer Tesla Motors et SpaceX. Créée en 2002, la Space Exploration Technologies Corporation, autrement dit SpaceX, a pour objectif de diminuer le coût de mise en orbite ; le 13 juillet 2009, la fusée Falcon 1, entièrement construite par la société de Musk, met sur orbite le satellite d'observation malaisien RazakSAT. Depuis cette date, la Falcon 9, avec son premier étage réutilisable, a gagné plusieurs contrats, y compris avec les forces armées américaines, et la capsule Dragon, développée par la même compagnie, approvisionne en vivres et en matériel la station spatiale internationale, avant d'y conduire des astronautes. Musk est définitivement entré dans la cour des « grands » de l'espace.

Rien d'étonnant dès lors si son intervention au Mexique a un tel succès : il présente les plans d'une gigantesque fusée, pouvant emporter vers Mars une centaine d'astronautes ; il parle de voyages qui « s'enchaînent » entre la Terre et la planète rouge ; il ose même expliquer que l'échec, pire encore, la mort doivent être envisagés. « Si vous ne rencontrez pas l'échec, explique-t-il, c'est que vous n'innovez pas suffisamment. » Autrement dit, c'est l'innovation qui n'est pas une option. Musk admet que le voyage vers Mars est dangereux : « Des gens mourront probablement – et ils connaîtront ce risque. Mais ils prépareront ainsi le chemin, et en fin de compte il deviendra très sûr d'aller sur Mars, et ce sera même confortable. Mais cela n'arrivera que dans de nombreuses années. » La culture de la compétitivité aurait-elle pris la place de celle de la prudence, comme durant les années de la course à la Lune ? À moins qu'il ne s'agisse de l'expression d'une culture du pionnier.

Inventer des constellations

Et si le NewSpace méritait son nom par la manière dont il traite le défi de la banalisation ? Si nous avons le plus souvent oublié l'existence des satellites qui tournent autour de la Terre pour assurer des missions d'observation, de télécommunication ou de géolocalisation, les nouveaux entrepreneurs sont en train de reconsidérer entièrement ce domaine de l'espace utile. Profitant des progrès en matière de miniaturisation, ils proposent d'installer dans l'espace des constellations de dans l'espace des constellations de plusieurs centaines de satellites de petite taille. Recourir à ces systèmes pour observer la Terre, transmettre des communications ou assurer la géolocalisation offre à ces services une meilleure couverture, à la fois en terme de maillage des territoires et en terme de continuité (la panne ou l'accident d'un satellite n'a guère de conséquence sur l'efficacité de l'ensemble). Une seule de ces constellations pourrait compter un nombre de satellites presque égal à celui de tous les satellites actuellement en activité au-dessus de nos têtes.

Pour réaliser de tels projets, il convient évidemment de mettre en place des cadences de production et de lancement des satellites totalement nouvelles. Avec, pour conséquence, le souhait, le projet et même la promesse de diminuer corrélativement le coût de ces opérations, par effet du nombre, mais aussi grâce aux techniques utilisées, aux modes de construction et de gestion mis en place. La banalisation visée n'ôte donc rien au défi de l'innovation, ni à l'exploration de nouveaux domaines technologiques ; l'exemple des étages réutilisables et le caractère sensationnel des premières réussites en ce domaine (avec celles de Blue Origin et de SpaceX) peuvent ici servir d'illustration. Inutile de dire que la concurrence est déjà féroce entre les entrepreneurs de l'espace, qu'ils soient nouveaux ou anciens.

Les vols habités, tels qu'ils sont présentés et proposés par le NewSpace, abordent eux aussi d'une manière nouvelle le défi de l'élitisme et de la banalisation ou, plus précisément, l'équilibre entre les deux. Du tourisme suborbital proposé par Jeff Bezos ou Richard Branson au projet martien de SpaceX en passant par Mars One (qui prétend financer le coût du programme par les gains de la téléréalité), la sélection n'a pas disparu : à celle des examens médicaux et de la formation, s'ajoute celle du « prix du billet » qui varie, selon les modalités de vol, de centaines de milliers à plusieurs dizaines de millions de dollars... La perspective des acteurs du NewSpace est bien celle d'offrir l'espace sinon à tous, du moins au plus grand nombre. Avec, pour certains d'autres eux comme Musk ou Bezos, le projet, le propos de venir en aide à une humanité et à une planète sous la menace de changements catastrophiques. Enfin, lorsqu'il est question d'exploiter les ressources minières et énergétiques présentes sur la Lune ou d'autres corps célestes, il ne s'agit pas seulement d'améliorer l'autosuffisance des futures missions et implantations spatiales mais aussi de « contribuer de manière significative aux besoins énergétiques de la Terre parce que la production des ressources conventionnelles comme le pétrole, le gaz naturel et le charbon va commencer à diminuer » explique un connaisseur des affaires spatiales. Nous en sommes encore loin, même si des sociétés commencent à travailler dans cette direction.

L'intervention mexicaine d'Elon Musk l'a montré : les réalisations et les perspectives du NewSpace redonnent aujourd'hui à l'espace, du moins en première instance, la touche de nouveauté, l'ouverture vers le futur qui finissaient par lui manquer. Aujourd'hui, l'espace semble bien être reparti à la conquête du futur et retrouve certains des accents qui l'ont marqué au début de son histoire : l'audace, l'innovation, les frontières à franchir. Pour autant, les défis ne manquent pas. À côté de ceux qui appartiennent au champ de la technique ou à celui de l'économie, ceux lancés à la conscience éthique de l'humanité sont réels : comment les humains se comporteront-ils demain dans le « nouvel espace » ? Le NewSpace fera-t-il bénéficier à tous des profits réalisés demain, selon les termes mêmes du droit de l'espace ? Quelles attitudes adoptera-t-il vis-à-vis des richesses extraterrestres autres que minières, par exemple scientifiques ? Si l'espace est une nouvelle frontière, il serait dommage que nous la réduisions à des enjeux trop terrestres...

IX … Les jardins de l'espace

À ceux qui trouveraient trop onéreux les billets proposés par par Space Adventures, Virgin Galiactic et Blue Origin ou pas suffisamment spatial le vol parabolique, il reste une solution de secours, celle qui consiste à s'adresser à la société Celestis… ou à demander à leurs héritiers de le faire : la spécialité de Celestis est en effet l'envoi de petites urnes funéraires dans l'espace. Selon les dernières volontés du défunt et ses moyens financiers, une capsule emportant un à quinze grammes de cendres est envoyée accomplir un vol suborbital ou tourner autour de la Terre, déposée sur le sol lunaire ou encore destinée à rejoindre l'espace plus lointain – ces deux derniers services ne sont encore qu'en projet. Les tarifs s'échelonnent de quelques centaines à quelques dizaines de milliers de dollars américains. Celestis assure l'accueil des cendres et des proches sur le pas de tir, fournit une vidéo du lancement et donne toutes les informations nécessaires pour suivre le trajet dans l'espace des capsules sur lesquelles le nom des défunts a été gravé. Parmi ceux qui ont déjà effectué ce singulier dernier voyage, quelques célébrités, dont Gene Roddenberry, le créateur de la célébrissime série télévisée et cinématographique : *Star Trek.*

Des étoiles vient la connaissance

Créé dans les années 1960, l'univers de *Star Trek* a littéralement accompagné les premières années de la conquête, bien réelle celle-là, de l'espace ; et, lorsque la NASA a mis au point le prototype de ses futures navettes spatiales, les fans du capitaine James T. Kirk ont obtenu qu'il porte le nom de son vaisseau : Enterprise. Sur une musique qui a depuis lors inspiré un nombre incalculable de comédies spatiales, sans compter de multiples documentaires astronautiques et astronomiques, une voix énonce la mission de l'équipage d'Enterprise : « *Space, the final frontier. These are the voyages of the starship Enterprise. Its five year mission : to explore strange new worlds, to seek out new life and new civilisations, to boldly go where no man has gone before.* L'espace, l'ultime et infinie frontière vers laquelle voyage le vaisseau Entreprise. Sa mission de cinq années consiste à explorer d'étranges nouveaux mondes, à rechercher de nouvelles formes de vie et de nouvelles civilisations, d'aller au mépris du danger là où aucun humain n'est allé auparavant. »

Aussi étrange, voire incongrue aux yeux de certains, que puisse paraître l'évocation – l'invocation ? – de Roddenberry et de *Star Trek*, celle-ci a bien ici sa place. L'espace tel que nous le connaissons aujourd'hui, avec le brillant passé du duel américano-soviétique, des accumulations de « premières » et des missions Apollo, avec l'histoire mouvementée des navettes et des stations spatiales, avec la mise en place de systèmes satellitaires de plus en plus performants et sûrs au service de la météorologie et du géopositionnement, de l'observation de la Terre et de la défense, cet espace n'aurait jamais pu naître et aurait couru le risque de verser dans la plus sombre des banalités s'il n'avait été porté, dès sa plus lointaine origine, par l'esprit que Rodenberry a mis en mots et en scène dans sa célèbre série. Un esprit que résume encore la devise de la flotte spatiale de *Star Trek*, « *Ex astris scientia* – Des étoiles vient la connaissance », un esprit de curiosité qui, à mieux y regarder, préfère sans doute l'horizon à la frontière : si une frontière finit par s'atteindre, voire par se franchir, l'horizon ne cesse de s'éloigner, de reculer, de fuir lorsque nous cherchons à nous en approcher. Et l'être humain aime relever de tels défis. Si nous peinons aujourd'hui à poser le pied ou la main sur un autre corps céleste que la Lune, si les États-Unis eux-mêmes renoncent à réitérer leur exploit déjà vieux de cinquante ans, si la conquête « habitée » – puisqu'il est de coutume de parler des vols habités – marque le pas, jamais l'exploration scientifique de l'univers n'a paru aussi prometteuse, aussi exaltante. Jamais nous n'avons été aussi près de découvrir de nouveaux mondes, de rechercher de nouvelles formes de vie et, peut-être, de nouvelles civilisations. Je ne prends pas ici les désirs d'un réalisateur de *space opera* pour la réalité ; je prends simplement la mesure des découvertes les plus récentes des sciences de l'univers et de la vie.

La vie est (aussi) ailleurs

Nous l'avons sans doute déjà oublié, mais il a fallu attendre 1995 pour avoir la preuve scientifique – une preuve assortie de multiples précautions – qu'il peut exister des planètes autour des étoiles, comme il en existe autour de celle que nous connaissons le mieux, le Soleil. Cette année-là, la découverte de la première planète extrasolaire – c'est ainsi que les astronomes les appellent –, à près de quarante années-lumière de la Terre, par les chercheurs suisses Michel Mayor et Didier Queloz, a ouvert de nouveaux horizons, en même temps que de nouveaux défis scientifiques et technologiques. Aujourd'hui, à l'aide de télescopes terrestres et spatiaux, plus de cinq cents planètes de ce type ont été découvertes, obligeant les astronomes à revoir les modèles de formations des systèmes planétaires qu'ils avaient élaborés en se basant sur notre propre système solaire. Bien entendu, la question qui titille ces astronomes, comme bien d'autres scientifiques, est la suivante : à quand la découverte d'une planète suffisamment analogue à la nôtre pour estimer possible la présence, passée ou présente, de formes vivantes ?

Dans ce domaine aussi, les connaissances ont accompli des pas de géant, au cours des dernières décennies, au point qu'est née une nouvelle discipline scientifique : l'exobiologie – parfois encore appelée l'astrobiologie, pour des nuances qu'il est inutile de préciser ici. Voici la définition et les limites qu'en donne Charles Cockell, un scientifique anglais : « La science de l'exobiologie est l'étude de l'origine, de l'évolution et de la répartition de la vie dans l'univers, hors la Terre. Force est de constater que cette discipline reste, à l'orée du IIIe millénaire, dépourvue du plus petit fait positif. C'est pourquoi, pour émettre ses hypothèses, elle s'appuie d'abord sur l'exploration de la biosphère de notre planète. En extrapolant nos connaissances biochimiques et biologiques terriennes aux conditions régnant sur d'autres astres, nous tentons de faire des prédictions sur l'éventuelle présence de vie ailleurs que sur Terre… ou d'expliquer son absence. » Ceux qui travaillent dans ce large domaine s'appuient aussi bien sur les résultats des sondes martiennes et les tests de résistance de ce qu'ils appellent les « briques de la vie » au séjour dans le vide cosmique que sur les étonnantes découvertes de formes de vie, certes terrestres, mais vivant ou survivant dans des conditions extrêmes – déserts de feu et de glace, fond des mers, rayonnements habituellement mortels, etc. Un énorme chantier à découvrir, à exploiter, dans un nécessaire esprit d'interdisciplinarité ; tout ce qui plaît aux passionnés de sciences.

Mais l'exobiologie ne serait-elle pas une science sans objet ? Le nient ceux qui sont persuadés qu'il y a de la vie non seulement ailleurs, mais partout : « Nous ne sommes pas à la poursuite d'un Graal», dit l'un d'eux. Le soutiennent, au contraire, ceux qui estiment que seule la Terre a pu être le siège de l'apparition de structures biologiques aussi complexes que celles qui peuplent notre planète et qui exigent apparemment des conditions d'apparition si particulières. Le débat s'inscrit entre ceux pour qui les scientifiques ne doivent pas se laisser enfermer dans une vision géocentrée des choses et ceux pour qui la vie obéit nécessairement à des critères biochimiques proches de ceux que nous connaissons sur Terre. Mais, au fond, que cherchons-nous ? Et quelle place, quelles contraintes acceptons-nous de donner à notre imagination ? Quel jeu accordons-nous aux possibles biologiques ? Il n'est pas facile de répondre à une telle interrogation. « L'exploration planétaire, *de visu* puis *in situ*, constate encore Charles Cockell, a [...] presque toujours montré que nous étions un peu trop enclins à lâcher la bride de notre imagination. Nous avons dû faire machine arrière bien des fois et en revenir à des espoirs moins ambitieux en matière de vie martienne présente ou passée. Pourtant, sur Terre, la diversité du vivant est extraordinaire... » Nul ne sait donc pour combien de temps nous n'aurons pas à tenir compte du *Principe de la première directive*, imaginée par Roddenberry : « Ne pas interférer dans le développement des autres espèces de l'univers, tant que celles-ci ne sont pas parvenues par leurs propres moyens à voyager plus rapidement que la lumière », et cela pour deux raisons : nous n'avons pas encore trouvé dans l'univers d'autres espèces que celles qui peuplent la Terre… et nous sommes loin d'avoir trouvé le moyen de voyager plus rapidement que la lumière !

Les colons de l'espace

Pour autant, si des formes de vie et d'intelligence extraterrestres tardent à apparaître dans l'optique de nos télescopes, devant les caméras de nos robots interplanétaires ou sur les graphes de nos multiples instruments de mesure, si la fiction « startrekienne » est plus féconde en rencontres interspécifiques et interplanétaires que la réalité actuelle, il reste encore une option, celle-là même retenue par les *pilgrim fathers*, ces colons britanniques qui débarquèrent du Mayflower en 1620 sur les côtes du Massachusetts en croyant retrouver ainsi le jardin d'Éden : ils déchantèrent rapidement et décidèrent de rétablir eux-mêmes un Paradis sur Terre. Trois siècles et demi après eux, d'autres ont rêvé de planter des jardins dans l'espace, d'y fonder de nouveaux mondes pour les humains.

« Il est orthodoxe de croire que la Terre constitue le seul habitat possible pour l'humanité et que l'espèce humaine y est définitivement recluse. Mais je crois que nous avons désormais atteint le point où nous pouvons, si nous en faisons le choix, construire de nouveaux habitats, nettement plus confortables, productifs et attractifs que presque partout sur Terre. » C'est par cette affirmation que le physicien américain Gerard O'Neill introduit son célèbre article, « *The colonization of space*, La colonisation de l'espace » publié en 1974. Dans *Les Villes de l'espace*, publié quelques années plus tard, il précise son projet, celui de gigantesques stations spatiales en forme de cylindre de plusieurs kilomètres, avec d'immenses fenêtres, des zones d'habitation, des champs, des forêts… et même des jardins. La nature qu'imagine O'Neill est proche de celle que nous prêtons au paradis de nos mythes : « Il y aura des insectes, des papillons par exemple, pour nourrir les oiseaux. Mais on n'aura que faire de moustiques, de blattes, et de rats. » O'Neill fait aussi référence à l'arche de Noé en ajoutant que les colonies de l'espace pourront emporter les espèces voulues pour former une chaîne écologique complète, tout en laissant sur Terre les espèces nuisibles ou désagréables pour l'être humain. Dans ces cités de l'espace, précise le physicien américain, chaque famille de colons, dans le projet d'une communauté de dix mille personnes, possédera la jouissance d'un jardin ensoleillé de cinquante-cinq mètres carrés et les clubs d'horticulture tiendront une grande place dans la vie sociale et culturelle. Que demander de plus ? Et pourtant, sommes-nous si certains que l'être humain se satisfera et s'attachera à ces paysages reconstitués ? L'attrait de l'inconnu, de la nouveauté, de l'aventure, au moins pour les premières colonies de l'espace et les premières générations humaines, sera-t-il suffisant pour contrebalancer l'éventuelle nostalgie à l'égard de la Planète-Mère ? Ne serait-il pas préférable de transformer des planètes en de nouvelles Terres ?

Avec les projets de transformation – de « terraformation », disent les spécialistes – de la planète Mars, il ne s'agit plus seulement de créer des systèmes écologiques autonomes au sein d'un milieu autre que la Terre, comme le vide spatial, l'intérieur d'un astéroïde, voire la surface d'une autre planète, mais bel et bien de modifier un milieu dépourvu de toute forme vivante – du moins apparemment – pour le rendre capable d'accueillir une biosphère, voire des colonies humaines. De l'installation d'un écosystème autosuffisant et évolutif, laissé ensuite à lui-même par les humains, à la transformation d'une planète, comme Mars, pour la rendre habitable par des colonies humaines, il existe donc plusieurs degrés possibles d'intervention ; dans tous les cas, pour reprendre les titres de la trilogie de Kim Stanley Robinson, Mars ne serait plus la Rouge mais progressivement la Bleue, puis la Verte...

Rouge *versus* vert

Il n'est pas question ici d'évaluer la faisabilité de tels projets, du point de vue tant scientifique et technique qu'économique et social ; car nombreux sont les facteurs qui relèvent aujourd'hui encore de la pure hypothèse, ne serait-ce que dans le domaine de la dynamique et de l'évolution de l'atmosphère. Face à une telle entreprise prométhéenne, d'autres interrogations surgissent : l'humanité a-t-elle le droit d'influencer l'avenir d'une planète au point d'en modifier ses caractéristiques géophysiques et climatiques ou d'y (ré)introduire d'autres formes vivantes ? Si oui, à quelles conditions, avec quelles conséquences, enfin à quels prix – qu'il s'agisse de gains ou de pertes ? Qui en seraient les bénéficiaires ? Et, en fin de compte, pour quelles raisons l'humanité déciderait-elle une telle entreprise ? Par envie de nouveauté, par devoir pour les générations à venir et leur survie, par appât du gain ? Dans les communautés qui traitent de tels projets, s'opposent deux camps : celui des Verts et celui des Rouges. Les Verts pensent qu'il est raisonnable d'envisager et d'entamer la terraformation de Mars ; la planète rouge a sans doute ressemblé à la Terre dans le passé ; pourquoi ne lui ressemblerait-elle pas dans l'avenir ? Elle offrirait alors un refuge à l'humanité menacée par la surpopulation, les dégradations de l'environnement terrestre à moins qu'il ne s'agisse d'un astéroïde dont la trajectoire risquerait de croiser celle de la Terre... Les Rouges refusent d'envisager une telle perspective pour Mars : l'humanité n'a aucun droit sur cette planète. Il convient donc de la laisser telle qu'elle est, de la sanctuariser comme l'affirmait le célèbre astronome américain Carl Sagan. D'ailleurs, si les Terriens possédaient un jour le pouvoir technologique de terraformer la planète Mars, ne seraient-ils pas aussi capables de venir à bout d'un astéroïde qui menacerait leur planète ou de remédier aux conséquences catastrophiques de leurs activités sur l'environnement et l'atmosphère terrestre ? Étrange constat : c'est en allant sur la Lune que l'humanité s'est rendue compte non seulement de la beauté mais aussi de la fragilité de la Terre ; c'est peut-être en rêvant de jardins dans l'espace que l'humanité apprendra le sens de la vieille sentence mise par Voltaire sur les lèvres de Candide : « Cela est bien dit, mais il faut cultiver notre jardin. »

Cette brève histoire de l'espace s'achève là même où elle a commencé : les deux pieds sur Terre. Quoi de plus rassurant, au fond, pour les Terriens que nous sommes et resterons, pour quelques générations au moins ; quoi, dès lors, de plus sérieux aussi que l'invitation de Candide-Voltaire. Mais cet enracinement gravitationnel ne doit pas museler notre imagination et notre esprit : nos anciens, sans connaître encore la nostalgie physique de l'espace, se sont volontiers confiés à leurs ailes ; alors pourquoi nous le refuserions-nous ? Sinon, cette histoire courrait le risque de n'avoir pas de suite. Cependant, n'oublions pas de répondre – ou du moins de tenter de répondre – aux questions que Friedrich Nietzsche, dans *Aurore*, adresse à tous les « aéronautes de l'esprit » : « Et où voulons-nous donc aller ? Voulons-nous donc franchir la mer ? Où nous entraîne ce désir puissant qui compte pour nous plus qu'aucune joie ? Pourquoi précisément dans cette direction, là où jusqu'à présent tous les soleils de l'humanité ont disparu ? Peut-être racontera-t-on un jour que, pour nous aussi, tirant vers l'ouest, nous espérâmes atteindre une Inde, mais que notre destin fut d'échouer devant l'infini ? Ou bien, mes frères ? Ou bien ? »

Une brève bibliographie

Erik Anderson, *The Space Tourist's Handbook*, Philadelphia, Quirk Books, 2005. Si vous envisagez de vous payer un billet pour l'espace – voir le neuvième chapitre – commencez par lire ce guide rédigé par le patron de Space Adventures. De quoi vous donner envie… ou vous la faire passer !

Neil Armstrong, *J'ai marché sur la Lune*, Paris, L'Esprit du Temps, 2008. Le premier homme à avoir posé un pied sur la Lune a peu parlé de son exploit, accompli en compagnie de Buzz Aldrin ; c'est dire l'intérêt de ces pages et de leur traduction dans la langue de Jules Verne. À compléter, pour les plus intéressés, par le hors-série de *Ciel & Espace*, publié en 2003, sur *L'homme dans l'espace* : Armstrong en dit plus sur sa jeunesse, son passé de pilote.

Jacques Arnould, *La marche à l'étoile. Pourquoi sommes-nous fascinés par l'espace ?*, Paris, Albin Michel, 2006. Dans le ciel étoilé où il lisait jadis l'implacable destin, l'homme peut désormais écrire sa propre histoire ; une belle raison de redonner à la conquête spatiale un peu de souffle poétique et de découvrir dans quel terreau s'enracinent les fondements de cette belle aventure.

Jacques Arnould, *Oublier la Terre ? La conquête spatiale 2.0*, Paris, Le Pommier, 2018. Si les projets d'Elon Musk et de Jeff Bezos vous intéressent et, peut-être, vous interrogent, je me permets de vous inviter à lire cet essai. J'ai essayé de faire la part entre projets réalisables, rêves démesurés, défis lancés à notre vision de l'humanité et de son futur.

Yoshitoh Asari, *La conquête de l'espace*, Paris, Pika Édition, collection Manga Science, 2007. Une idée géniale : raconter l'histoire de l'aventure spatiale sous forme de mangas. Je ne sais pas ce qu'en pensent les fans de cette littérature, mais ceux des fusées ont apprécié !

Giovanni Bignami, *Des étoiles et des hommes. Le fil rouge du Big Bang à la vie*, Paris, Cherche Midi, 2012. Lorsqu'un astrophysicien se penche sur la question de la vie dans l'univers, il n'a pas peur de faire appel à toutes les connaissances actuelles. Vertigineux.

Serge Brunier, *Impasse de l'espace. À quoi servent les astronautes ?*, Paris, Seuil, 2006. Voilà un livre à ne pas mettre en toutes les mains, car ce journaliste dont le nom a été donné à un astéroïde, porte un regard critique sur les vols habités. Il relit leur histoire, dénonce les légendes, use parfois d'un ton caustique pour, finalement, plaider en faveur d'une conquête astronautique plus raisonnable, mais aussi plus ambitieuse.

Steven J. Dick, *La pluralité des mondes*, Arles, Actes Sud, 1989. Profitez de la traduction de l'excellent travail de Steven Dick – *Plurality of Worlds. The Origin of the Extraterrestrial Life Debate from Democritus to Kant* –, qui doit nécessairement être complété par celui de Michael Crowe – *The Extraterrestrial Life Debate, 1750-1900*, non traduit en français – pour découvrir les racines philosophiques de la vie extraterrestre. Un sujet auquel je n'ai malheureusement pas pu consacrer une portion de ma *Brève histoire*.

Alain Dupas, *Une autre histoire de l'espace*, Paris, Gallimard, collection Découvertes, 1999. La grande différence – et tout l'intérêt – de cette histoire en trois petits volumes, c'est sa magnifique iconographie, sans oublier son langage clair, son propos pédagogique. Une excellente porte d'entrée.

Yves Gauthier, *Gagarine ou le rêve russe de l'espace*, Paris, Flammarion, 1998. À lire absolument, car l'auteur, reporter et grand connaisseur de la Russie, ouvre un tas de documents à peine déclassés et, derrière la figure souriante de Gagarine, dépeint un extraordinaire décor soviétique.

Sebastian Vincent Grevsmühl, *La Terre vue d'en haut*, Paris, Seuil, 2014. Ouvrez ce livre et, même sans pouvoir vous rendre dans l'espace, vous porterez ensuite un autre regard sur notre bonne vieille planète !

André LEBEAU, *L'espace. Les enjeux et les mythes*, Paris, Hachette, collection Littératures-Sciences, 1998. La réalité spatiale évolue rapidement, mais les analyses de cet ancien président du CNES ne perdent pas leur valeur. Sans oublier quelques belles citations littéraires pour ne pas oublier la dimension poétique de cette entreprise.

Jean-Luc LEFEBVRE, *Stratégie spatiale. Penser la guerre des étoiles : une vision française*, Paris, Éditions L'esprit du livre, 2011. Rien de tel que de lire cet ouvrage rédigé par un ancien militaire français pour apprendre tout ce que cette *Brève histoire* a dû laisser de côté : le caractère militaire de l'espace.

Howard MCCURDY, *Space and the American Imagination*, Washington D.C. and London, Smithsonian Institution Press, 1997. D'accord, cet ouvrage est écrit en américain ; mais, pour les mordus, il fait découvrir comment, au milieu du XXe siècle et aux États-Unis, les promoteurs politiques de la conquête de l'espace se sont alliés à ceux qui alimentent l'imaginaire public, social – si vous pensez à Walt Disney, vous faites bien – pour lancer le programme spatial américain.

Bernard Melguen et Catherine Sauvat, *Lune. La face cachée de la Terre*, Paris Éditions de la Martinière, 2015. Laissez-vous embarquer pour un voyage vers la Lune, grâce à ce beau livre dont chaque page ressemble à un clin d'œil que nous ferait l'astre de nos nuits. Amateurs de belles images et d'anecdotes culturelles, ne pas s'abstenir !

Marion Montaigne, *Dans la combi de Thomas Pesquet*, Paris, Dargaud, 2017. Voilà l'un des meilleurs livres en français sur les astronautes ! Destiné d'abord aux adolescents, il retrace avec intelligence, lucidité... et humour le parcours du dixième Français à avoir séjourné dans l'espace. À mettre entre toutes les mains !

Xavier Pasco, *Le nouvel âge spatial. De la Guerre froide au New Space*, Paris, CNRS Éditions, 2017. Lorsqu'un spécialiste de la politique spatiale américaine fait le point sur l'espace en 2017, il ne manque pas de solliciter les défis sociétaux lancés par les projets des entrepreneurs et par l'accueil que leur réservent les États. Un indispensable complément à cette *Brève histoire*.

Francis Rocard, *Planète rouge. Mars : mythes et explorations*, Paris, Dunod, collection Quai des sciences, 2003. Le titre de cet ouvrage, rédigé par un astrophysicien, responsable des programmes d'exploration au CNES, est suffisamment explicite, n'est-ce pas ? Alors, pas l'ombre d'une hésitation : la planète rouge le vaut bien.

Fernand VERGER, *L'espace, nouveau territoire. Atlas des satellites et des politiques spatiales*, Paris, Belin, 2002. Un véritable atlas, avec des cartes, des graphiques de toutes les couleurs. Tout y est, plus encore, en matière de techniques, de politiques... jusqu'en 2002, malheureusement. Mais quelle richesse !

Jacques VILLAIN, *Dans les coulisses de la conquête spatiale*, Toulouse, Cépaduès Éditions, 2003. De ce fin connaisseur de l'histoire de l'espace – j'ai un peu honte, en pensant à lui, de ma *Brève histoire* – il faudrait *tout* lire. Pourquoi ne pas commencer par ce recueil des petites histoires de la grande, rangées selon un ordre alphabétique ? À déguster sans aucune modération.

Table des matières

Collection **Une Brève Histoire**

Un auteur dessine en neuf chapitres l'histoire et le portrait de son sujet. Neuf moments comme des points lumineux dans l'espace et le temps, des ellipses d'un instant à l'autre.

Déjà parus

Une brève Histoire du Rugby, Sébastien Darbon

Une brève Histoire de l'Image, Michel Melot

Une brève Histoire du Climat, Frédéric Denhez

Une brève Histoire du Roman Noir, Jean-Bernard Pouy

Une brève Histoire du Médicament, Luc Perino

Une brève Histoire du Chat, Robert de Laroche

Une brève Histoire du Jardin, Gilles Clément

Une brève Histoire de l'Espace, Jacques Arnould

Une brève Histoire de la Corrida, François Zumbielh

Une brève Histoire du Cheval, Marion Scali

Une brève Histoire du Christianisme, Jacques Arnould

Une brève Histoire de l' Adolescence, David Le Breton

Une brève Histoire de l' Aviation, Michel Polacco

Une brève Histoire de la Céramique, Jean Girel

Une brève Histoire de la Violence, Philippe Breton

Une brève Histoire de l'Écriture, Michel Melot

À paraître

Une brève Histoire de la Danse contemporaine,
Dominique Dupuy

Une brève Histoire de l'Informatique, Yves Morard-Lacroix

Collection **Sagesse d'un métier**

Et si la pratique d'un métier était aussi un parcours initiatique, un chemin vers la connaissance de soi et du monde.

Déjà parus

La Sagesse du Jardinier, Gilles Clément

La Sagesse du Bibliothécaire, Michel Melot

La Sagesse du Médecin, Luc Perino

La Sagesse du Potier, Jean Girel

La Sagesse du Photographe, Fouad Elkoury

La Sagesse de l'Ethnologue, Michel Agier

La Sagesse d'une Femme de radio, Kriss

La Sagesse de la Monteuse de film, Noëlle Boisson

La Sagesse du Physicien, Yves Quéré

La Sagesse de l'Écuyer, Michel Henriquet

La Sagesse de l'Astronome, Jean-Pierre Verdet

La Sagesse de l'Éditeur, Hubert Nyssen

La Sagesse du Créateur de parfum, Maurice Maurin

La Sagesse de la Courriériste du coeur, Carlotta Alessandri

La Sagesse de la Conteuse, Muriel Bloch

La Sagesse d'une Psychologue, Marie de Hennezel

La Sagesse du Chimiste, Hervé This

La Sagesse du Professeur de français, Cécile Revéret

La sagesse de la Dentellière, Mylène Salvador

La Sagesse de l'Espion, Alain Chouet

La Sagesse du Faiseur de chansons, Georges Moustaki

La Sagesse de l'Aviatrice, Catherine Maunoury

La Sagesse du Danseur, Dominique Dupuy

La Sagesse du Chef opérateur, Philippe Rousselot

À paraître

La Sagesse du Coach, Vincent Lenardht

La Sagesse du Rabbin, Yeshaya Dalsace

La Sagesse du Collectionneur d'art, Antoine de Galbert

Achevé d'imprimer par Bookpress

Dépôt légal 2e trimestre 2019

ISBN : 978-2-915543-53-7